U0330779

普通高等教育"十一五"国家级规划教材
高校建筑学专业指导委员会规划推荐教材

建筑制图习题集

（第二版）

ARCHITECTURE GRAPHICS
EXERCISE COLLECTION

浙江大学　金　方　编著

中国建筑工业出版社

图书在版编目（CIP）数据

建筑制图习题集/浙江大学金方编著. —2 版. —北京：
中国建筑工业出版社，2010
普通高等教育"十一五"国家级规划教材
高校建筑学专业指导委员会规划推荐教材
ISBN 978-7-112-11781-9

Ⅰ．建…　Ⅱ．金…　Ⅲ．建筑制图-高等学校-习题
Ⅳ. TU204-44

中国版本图书馆 CIP 数据核字（2010）第 023815 号

责任编辑：陈　桦
责任设计：赵明霞
责任校对：陈晶晶　兰曼利

本书是普通高等教育"十一五"国家级规划教材，《建筑制图》的配套用书，内容包括建立在投影概念基础之上的画法几何基本内容，建筑图的画法及基本制图规范；轴测图、透视图的绘制原理及在建筑表达上的应用；阴影的作法及应用等。本书为练习题，可作为建筑制图课程的课后练习，用以巩固所学知识。

本书适用于建筑学、城市规划、景观设计、环境艺术设计等专业师生。

* 　 * 　 *

This exercise collection accompanies the textbook Architecture Graphics. The content including the basic part of descriptive geometry, the theory and skill of how to draw plan, elevation, section of buildings, how to draw parallel drawing and perspective drawing, how to draw shade and shadow in drawings we mentioned above.

This collection could be used as a conference book for the students who study in architecture, city planning, and landscape architecture.

普通高等教育"十一五"国家级规划教材
高校建筑学专业指导委员会规划推荐教材
建筑制图习题集（第二版）
浙江大学　金方　编著
　*
中国建筑工业出版社出版、发行（北京西郊百万庄）
各地新华书店、建筑书店经销
霸州市顺浩图文科技发展有限公司制版
北京同文印刷有限责任公司印刷
　*
开本：787×1092 毫米　横1/8　印张：8　字数：200 千字
2010 年 8 月第二版　　2017 年 7 月第十四次印刷
定价：**22.00** 元
ISBN 978-7-112-11781-9
　　　（19050）

目　录

1. 根据轴测图画出三视图，沿坐标轴方向的尺寸可以直接在轴测图上量取。

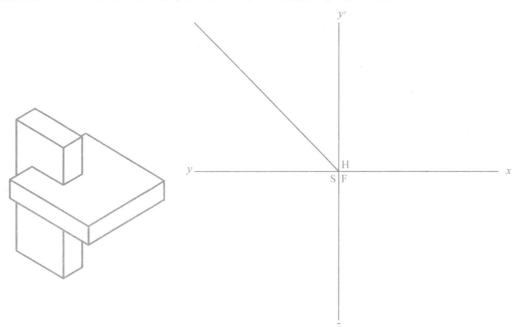

2. 根据轴测图画出三视图，沿坐标轴方向的尺寸可以直接在轴测图上量取。

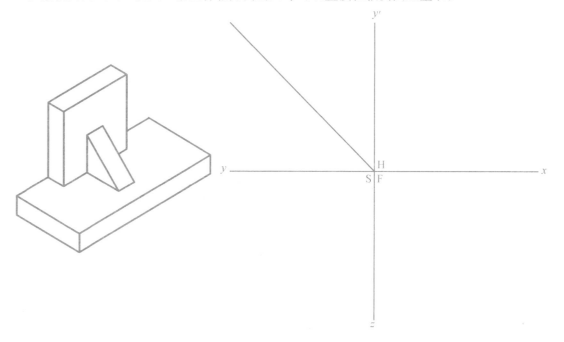

3. 根据轴测图画出三视图，沿坐标轴方向的尺寸可以直接在轴测图上量取。

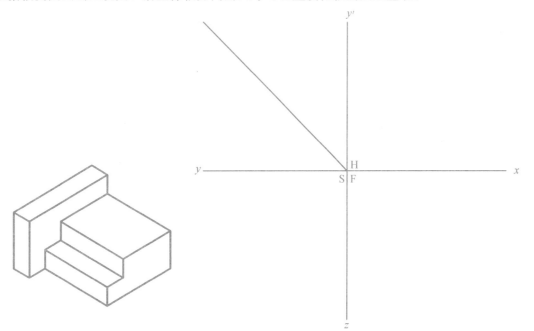

4. 根据轴测图画出三视图，沿坐标轴方向的尺寸可以直接在轴测图上量取。

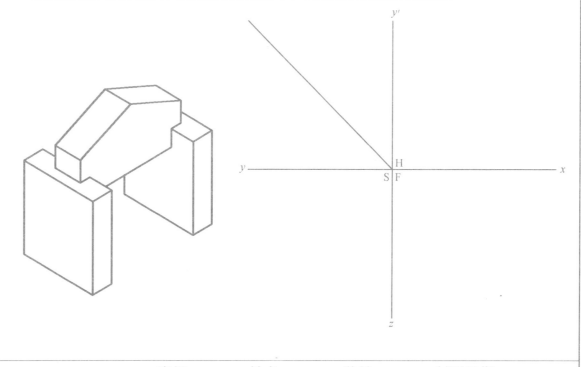

班级　　　姓名　　　学号　　　制图日期

1. 根据轴测图画出三视图，沿坐标轴方向的尺寸可以直接在轴测图上量取。

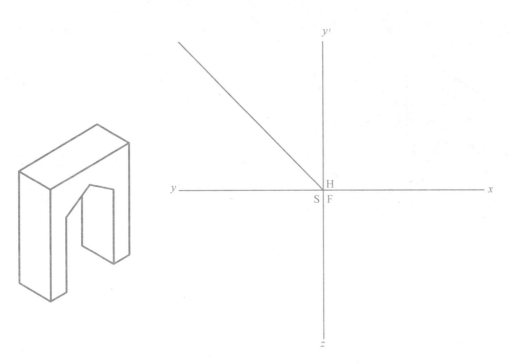

2. 根据轴测图画出三视图，沿坐标轴方向的尺寸可以直接在轴测图上量取。

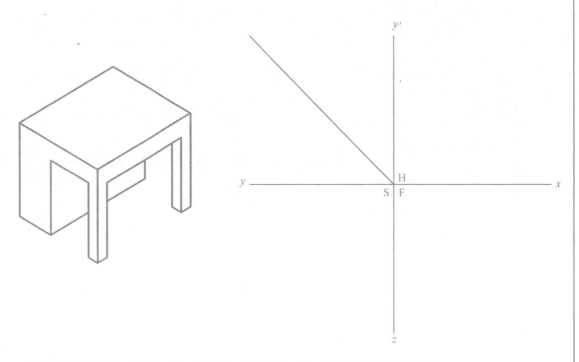

3. 根据轴测图画出三视图，沿坐标轴方向的尺寸可以直接在轴测图上量取。

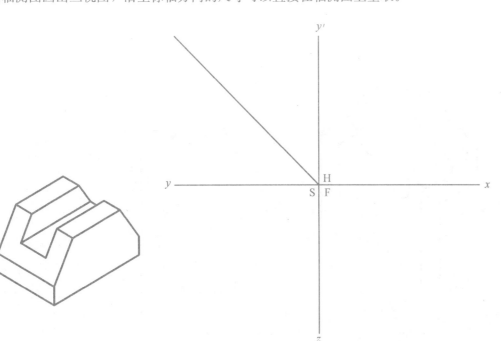

4. 根据轴测图画出三视图，沿坐标轴方向的尺寸可以直接在轴测图上量取。

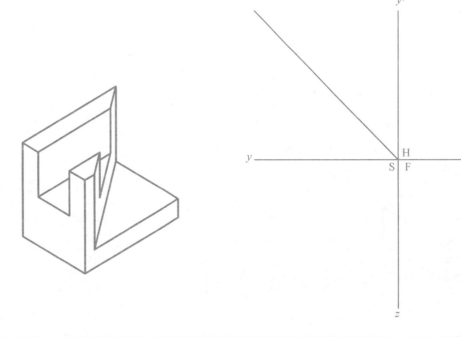

班级	姓名	学号	制图日期

1. 根据轴测图画出三视图，沿坐标轴方向的尺寸可以直接在轴测图上量取。

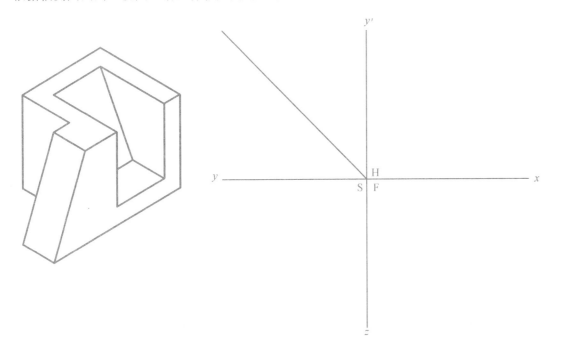

2. 根据轴测图画出三视图，沿坐标轴方向的尺寸可以直接在轴测图上量取。

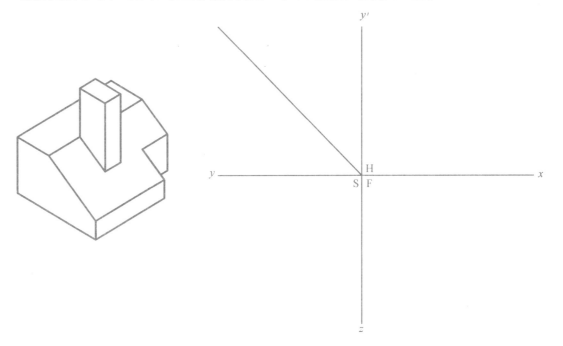

3. 根据轴测图画出三视图，沿坐标轴方向的尺寸可以直接在轴测图上量取。

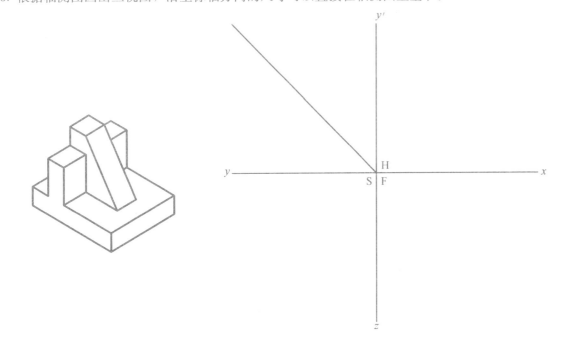

4. 根据轴测图画出三视图，沿坐标轴方向的尺寸可以直接在轴测图上量取。

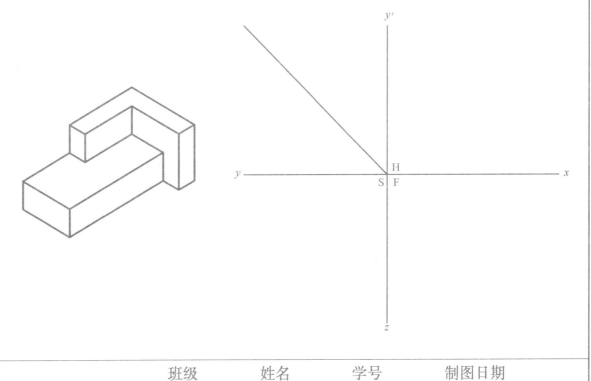

班级	姓名	学号	制图日期

1. 根据三视图，画出轴测图。

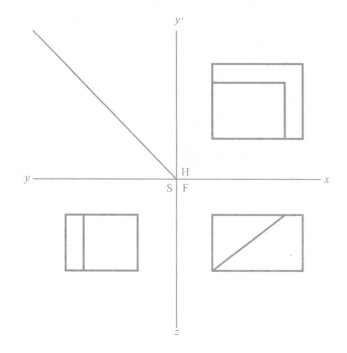

2. 根据三视图，画出轴测图。

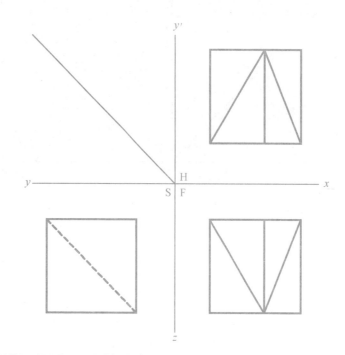

3. 根据三视图，画出轴测图。

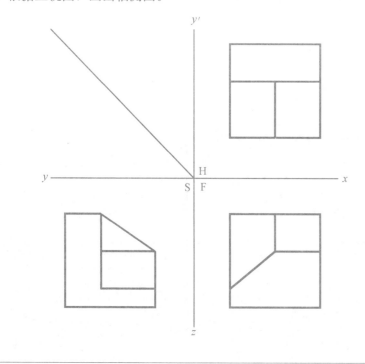

4. 根据三视图，画出轴测图。

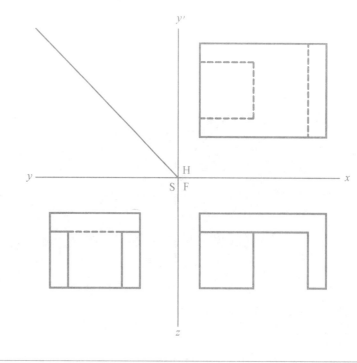

| 班级 | 姓名 | 学号 | 制图日期 |

1. 根据三视图，画出轴测图。

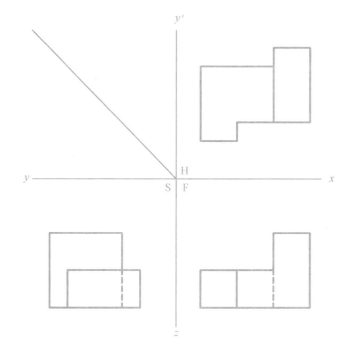

2. 根据三视图，画出轴测图。

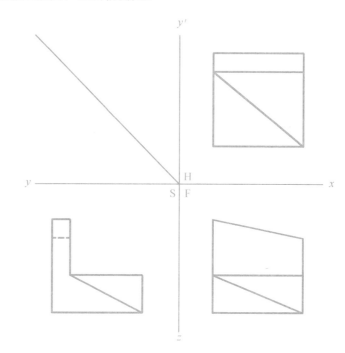

3. 根据三视图，画出轴测图。

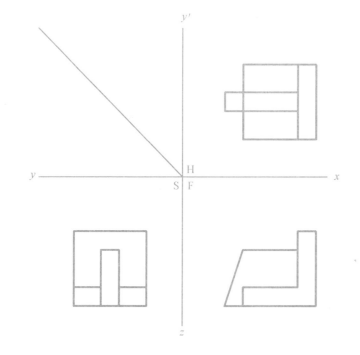

4. 根据三视图，画出轴测图。

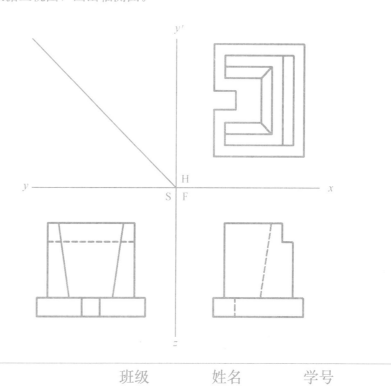

| 班级 | 姓名 | 学号 | 制图日期 |

1. 根据三视图，画出轴测图。

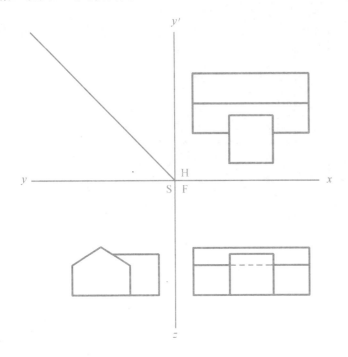

2. 根据三视图，画出轴测图。

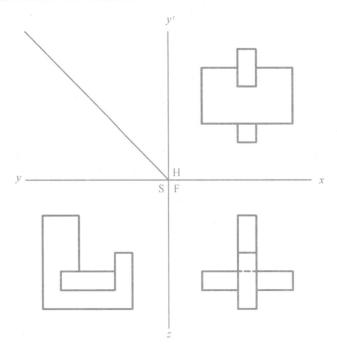

3. 根据三视图，画出轴测图。

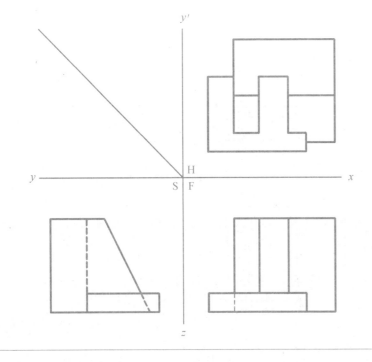

4. 根据三视图，画出轴测图。

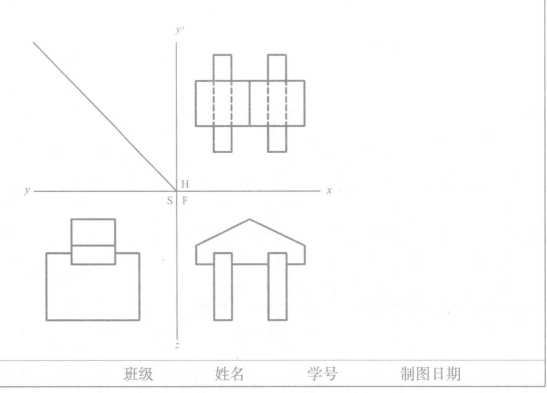

| 班级 | 姓名 | 学号 | 制图日期 |

1. 补全第三个视图，并画出轴测图。

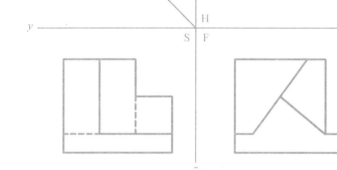

2. 补全第三个视图，并画出轴测图。

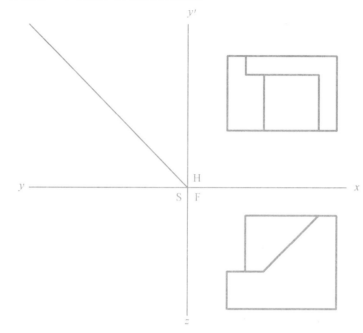

3. 补全第三个视图，并画出轴测图。

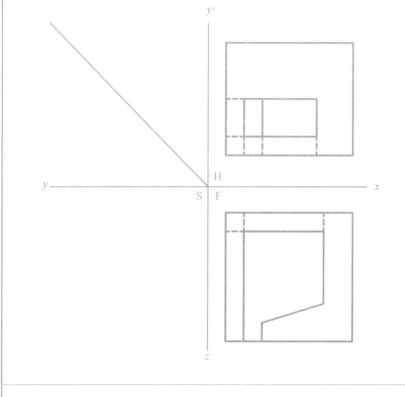

4. 补全第三个视图，并画出轴测图。

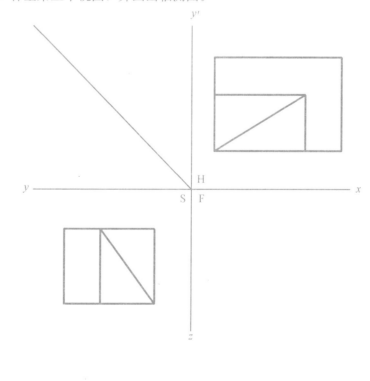

| 班级 | 姓名 | 学号 | 制图日期 |

1. 补全第三个视图，并画出轴测图。

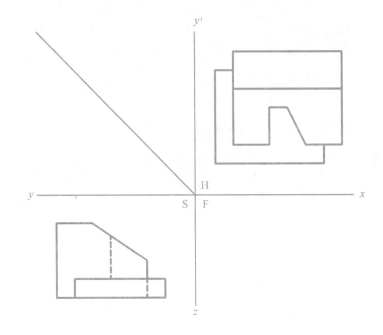

2. 补全第三个视图，并画出轴测图。

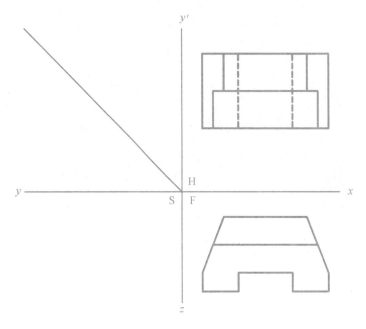

3. 补全第三个视图，并画出轴测图。

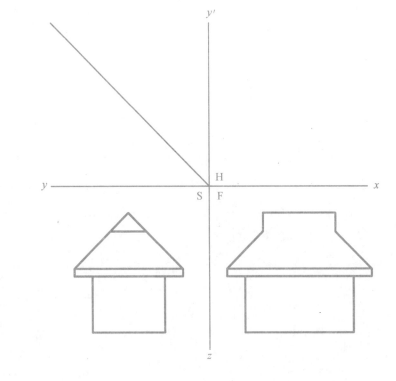

4. 补全第三个视图，并画出轴测图。

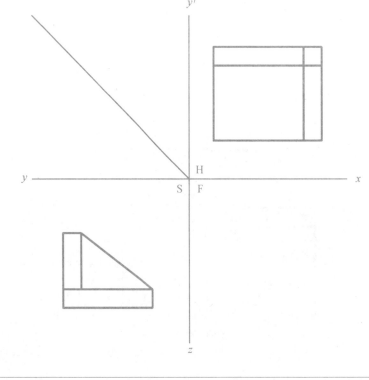

| 班级 | 姓名 | 学号 | 制图日期 |

1. 补全第三个视图，并画出轴测图。

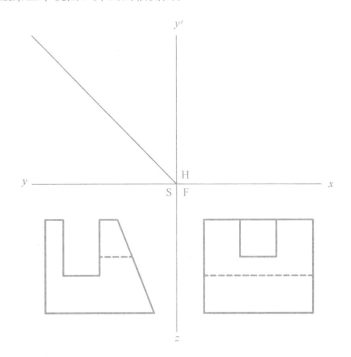

2. 补全第三个视图，并画出轴测图。

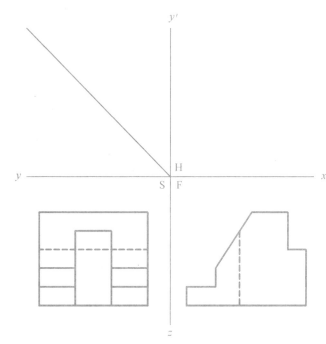

3. 补全第三个视图，并画出轴测图。

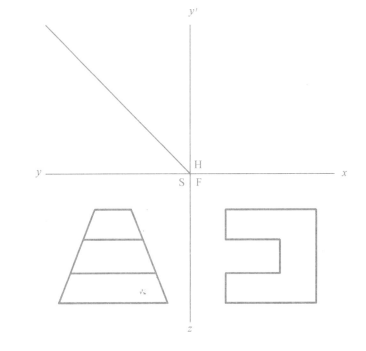

4. 补全第三个视图，并画出轴测图。

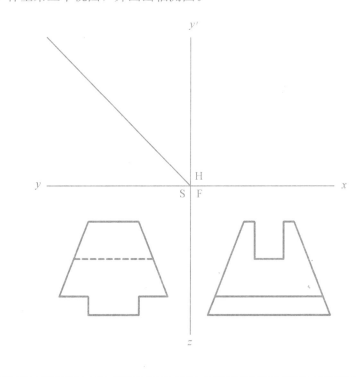

班级　　　姓名　　　学号　　　制图日期

1. 已知：轴测图中点 A、点 B 的空间位置。

　求作：点 A、点 B 的 H、F、S 投影。

2. 根据轴测图画出三视图，并在三视图中标注各点的投影。

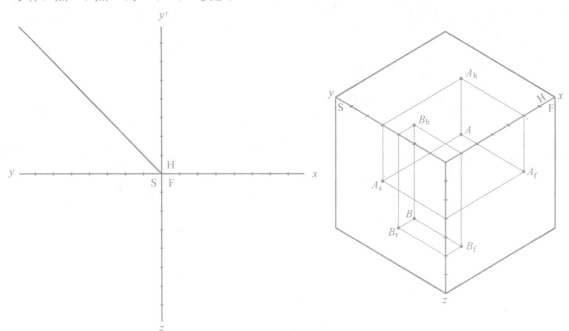

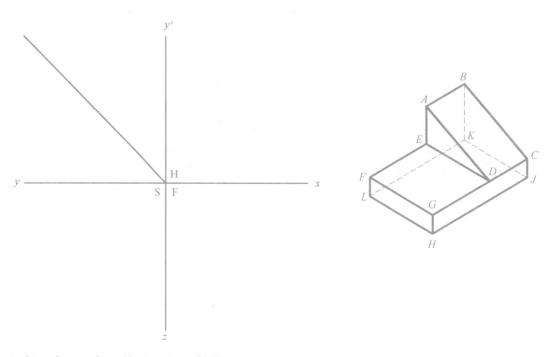

3. 已知：点 A 的 H、F 投影；点 B 距 F 面的距离比点 A 近 3 个单位，距 H、S 面的距离与点 A 相同。

　求作：点 A 的 S 投影；点 B 的 H、F、S 投影。并在轴测图中画出点 A、点 B 的空间位置。

4. 已知：点 A、点 B 的 H、F、S 投影。

　求作：在轴测图中画出点 A、点 B 的空间位置，并说明点 A 在（　　　）上，点 B 在（　　　）上。

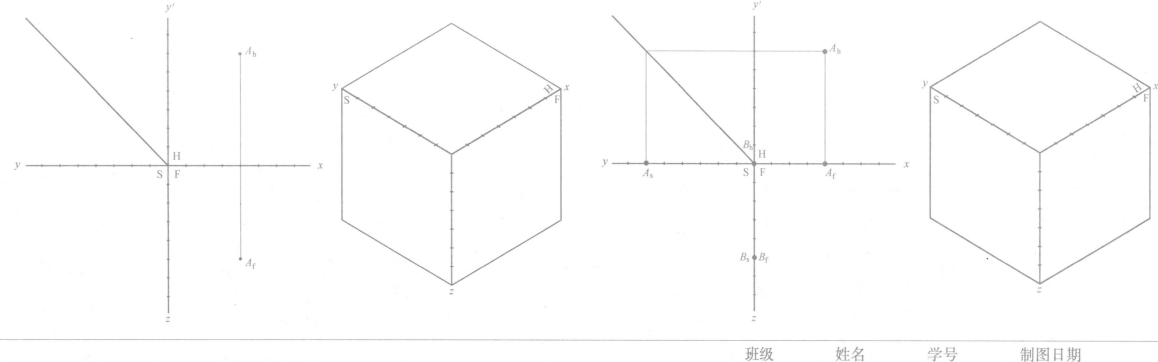

班级　　　姓名　　　学号　　　制图日期

1. 已知：轴测图中直线 *AB* 的空间位置。

　　求作：直线 *AB* 的 H、F、S 投影，并说明直线 *AB* 与三个投影面的位置关系。

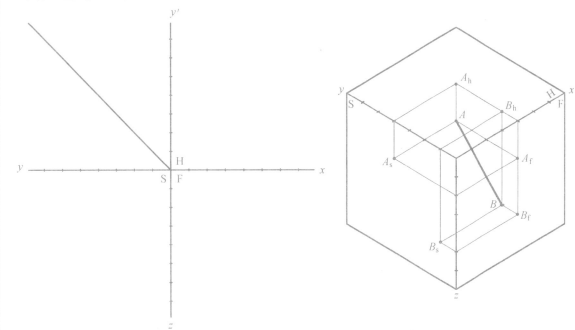

2. 已知：点 *A*、点 *B* 的 H、F、S 投影。

　　求作：过点 *A* 作一正平线，过 *B* 点作一侧垂线，作出它们的 H、F、S 投影。

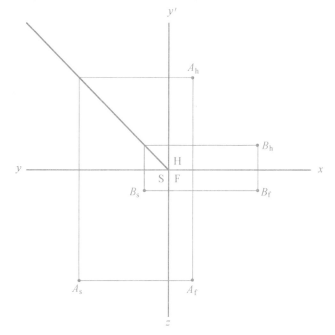

3. 已知：两杆件 *AB*、*CD* 异面。

　　求作：两杆件的 S 投影，并判断可见性。

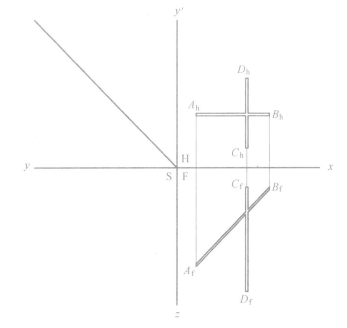

4. 已知：直线 *AB*、*CD* 的 H、F、S 投影。

　　求作：直线 *AB*、*CD* 的 S 投影，并说明两直线的空间关系。

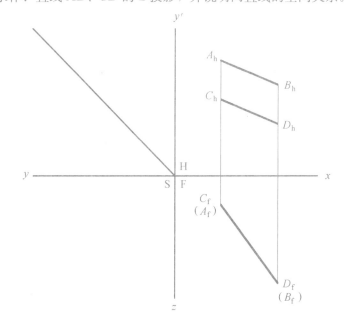

班级	姓名	学号	制图日期

1. 已知：平面 P 的 F、S 投影。

　　求作：完成平面 P 的 H 投影，并说明其与三个投影面的位置关系。

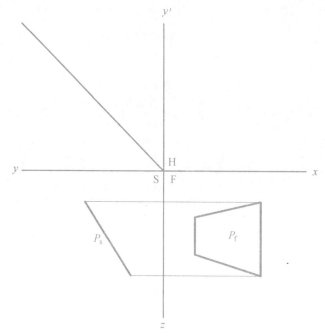

2. 已知：形体的三视图。

　　求作：对三视图进行标注，并说明形体上各直线、各平面与三个投影面的位置关系。

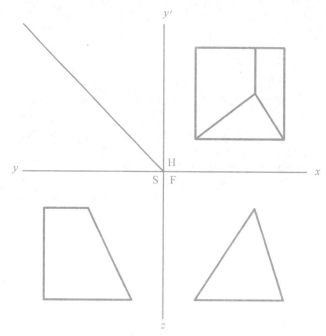

3. 已知：直线 AB 的 H、F、S 投影。

　　求作：作一平面 P 垂直于直线 AB，作出平面 P 的 H、F、S 投影。

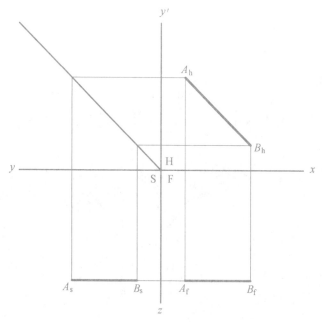

4. 已知：直线 AB 的 H、F、S 投影。

　　求作：过直线 AB 作一正垂面，以三角形来表示该正垂面，作出它的 H、F、S 投影。

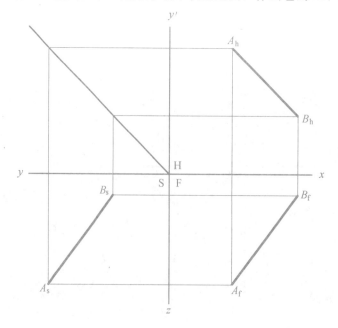

班级	姓名	学号	制图日期

1. 已知：两坡屋面建筑形体的 H、F、S 投影，屋面上有一矩形天窗。
　　求作：天窗的 F 投影。

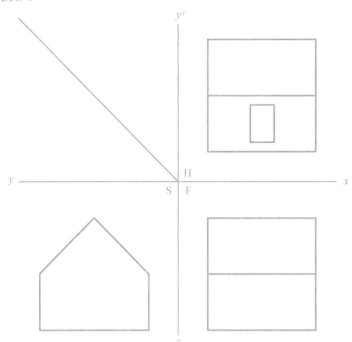

2. 已知：一般位置平面 ABC 的 H、F、S 投影。
　　求作：在平面 ABC 内作一水平线，作出该水平线的 H、F、S 投影。

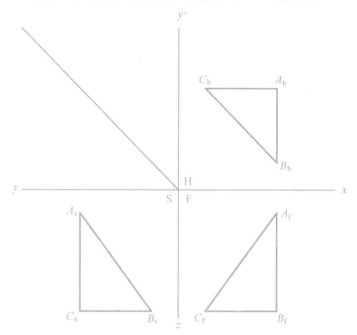

3. 已知：正方形 ABCD 的 F 投影及一条对角线 AC 垂直于 S 面。
　　求作：正方形 ABCD 的 H、S 投影。

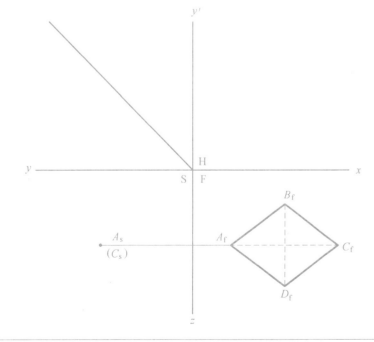

4. 已知：已知两坡屋面建筑形体的 H 投影和 F 投影，且已知屋面上两条直线 AB、BC 的 H 投影。
　　求作：作出 AB、BC 的 F 投影，并作出 S 投影。

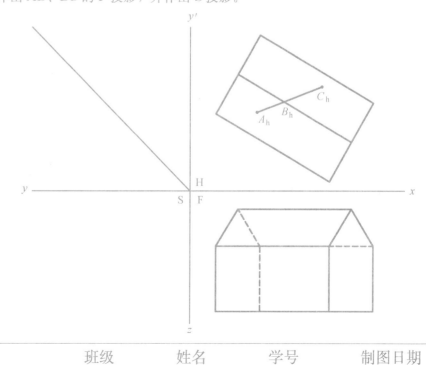

班级	姓名	学号	制图日期

1. 已知：带烟囱的四坡屋面建筑形体的 H 投影和 F 投影的一部分。
　　求作：完成 F 投影，并作出 S 投影。

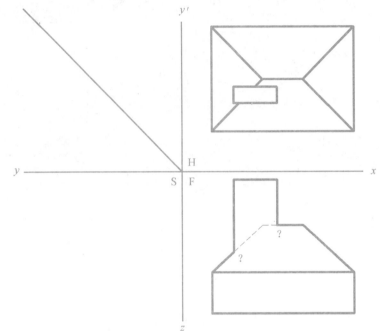

2. 已知：建筑形体的 F、S 投影和 H 投影的一部分。
　　求作：补全 H 投影。

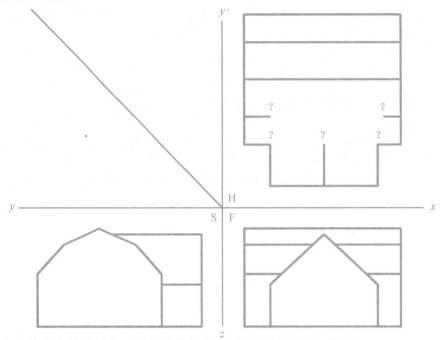

3. 已知：四棱柱与四棱锥相交，已知形体的 S 投影和 H、F 投影的一部分。
　　求作：补全 H、F 投影。

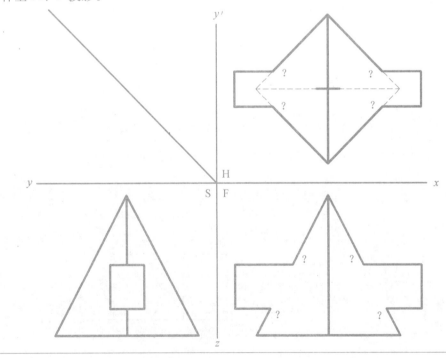

4. 已知：立方体与六棱锥相交，已知形体的 H 投影和 F 投影的一部分。
　　求作：完成 F 投影，并作出 S 投影。

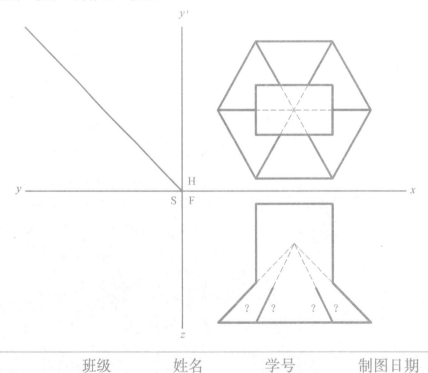

班级　　　姓名　　　学号　　　制图日期

1. 已知：六棱锥顶面被一斜面所切，已知其 S 投影和 H、F 投影的一部分。
　求作：完成建筑形体的 H、F 投影。

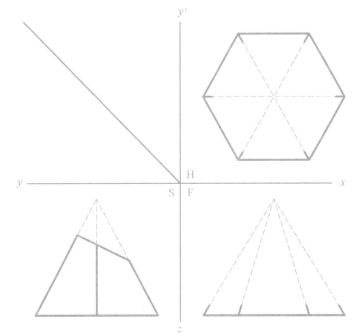

2. 已知：两坡屋面建筑上有一露台，且已知形体的 F 投影和 H 投影。
　求作：完成 S 投影。

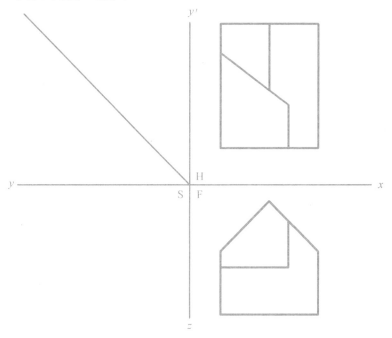

3. 已知：三棱锥被切掉一部分，且已知形体的 F 投影和 H 投影的一部分。
　求作：补全 H 投影，完成 S 投影。

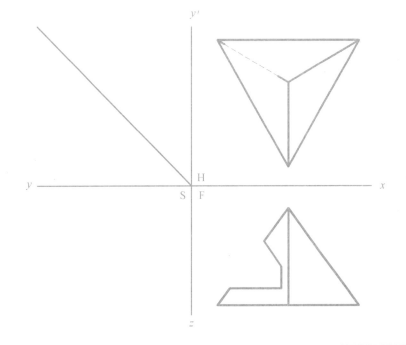

4. 已知：四棱柱上有一三角形断面的洞，已知形体的 F 投影和 H 投影的一部分。
　求作：补全 H 投影，完成 S 投影。

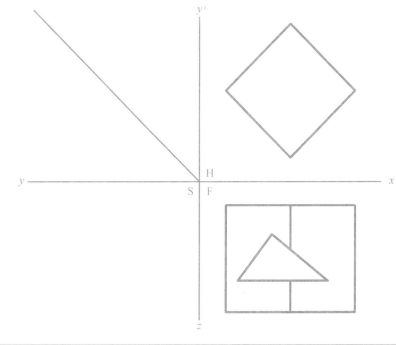

班级	姓名	学号	制图日期

1. 已知：三棱锥形的建筑主体，一两坡屋面形体的入口与其相交，已知形体的 H、F 投影的一部分。

　　求作：补全 H、F 投影，完成 S 投影。

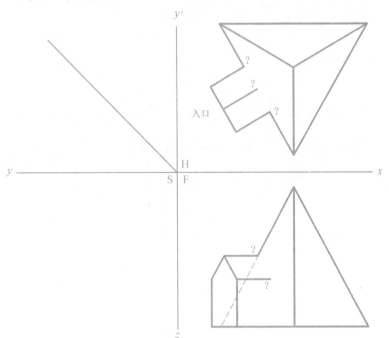

2. 已知：三棱锥与四棱柱相交。

　　求作：补全 H、F、S 投影。

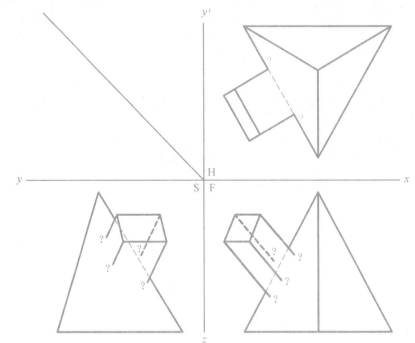

3. 已知：四棱锥与四棱柱相交。

　　求作：补全 H、F、S 投影。

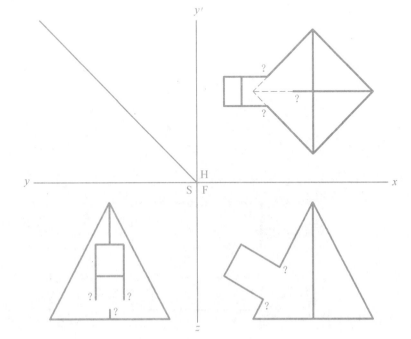

4. 已知：建筑形体的 H、F、S 投影的一部分。

　　求作：完成 H、F、S 投影。

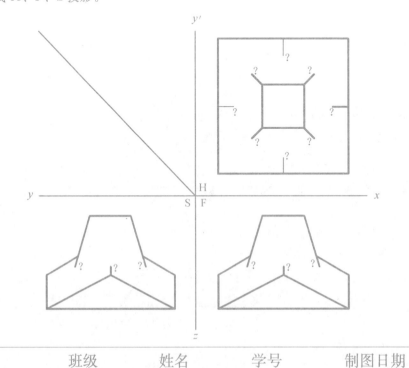

班级	姓名	学号	制图日期

1. 已知：建筑形体为四坡屋面，已知其 H 投影，屋面坡度为 30°，檐口高度见 F 投影。
　求作：完成建筑形体的 H 投影，并作 F、S 投影。

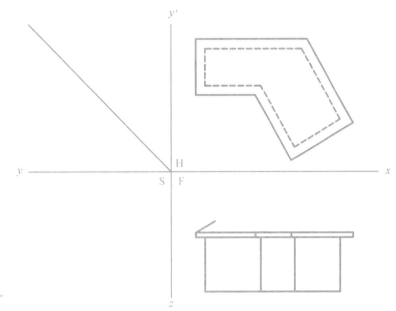

2. 已知：建筑形体为四坡屋面，已知其 H 投影，屋面坡度为 30°，檐口高度见 F 投影。
　求作：完成建筑形体的 H 投影，并作 F、S 投影。

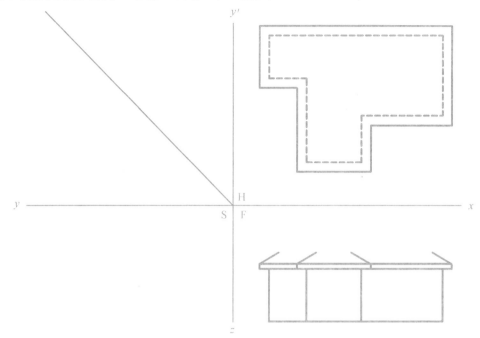

3. 已知：建筑形体为四坡屋面，已知其 H 投影，屋面坡度为 30°，檐口高度见 F 投影。
　求作：完成建筑形体的 H 投影，并作 F、S投影。

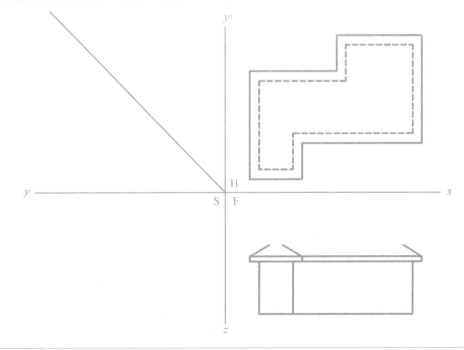

4. 已知：建筑形体为四坡屋面，已知其 H 投影，屋面坡度为 30°，檐口高度见 F 投影。
　求作：完成建筑形体的 H 投影，并作 F、S 投影。

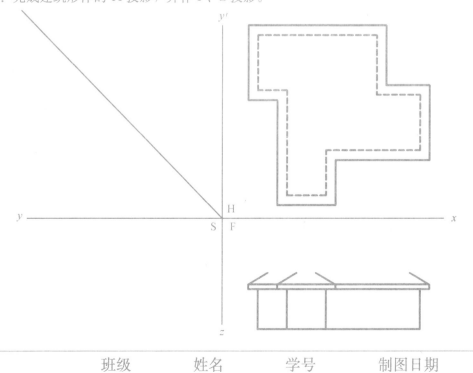

班级	姓名	学号	制图日期

1. 已知：建筑形体为两坡屋面，所有屋面等坡，已知其 F 投影和 S 投影。

　　求作：完成建筑形体的 H 投影。

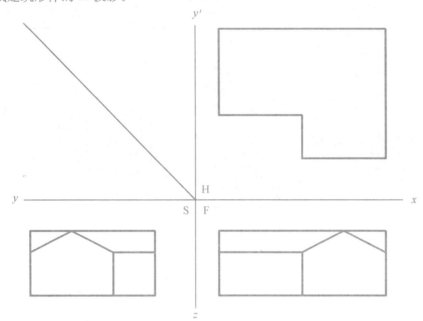

2. 已知：建筑形体为两坡屋面，所有屋面等坡，已知其 F 投影和 S 投影的一部分。

　　求作：完成建筑形体的 H、F、S 投影。

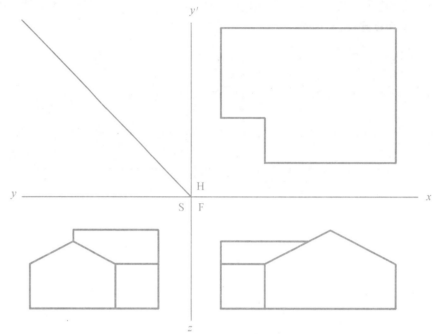

3. 已知：建筑形体为两坡屋面，所有屋面等坡，已知其 H、F 和 S 投影的一部分。

　　求作：完成建筑形体的 H、F、S 投影。

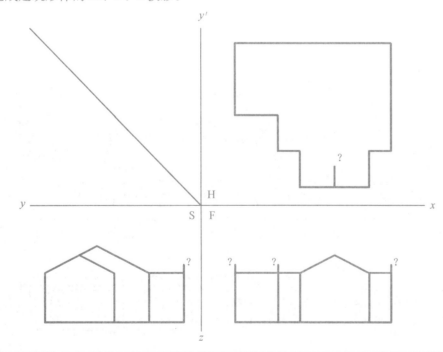

4. 已知：建筑形体为两坡屋面，所有屋面等坡，已知其 H 投影和 F 投影的一部分。

　　求作：完成建筑形体的 H、F、S 投影。

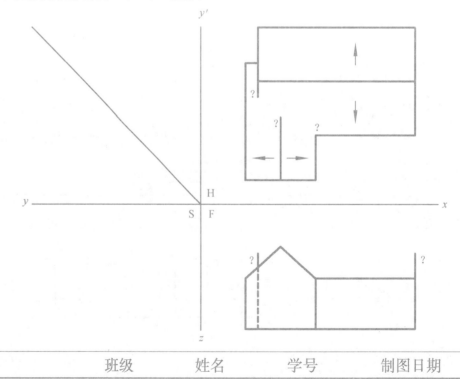

班级	姓名	学号	制图日期

1. 已知：建筑形体的 F 投影和 H 投影的一部分。
   求作：完成 H 投影。

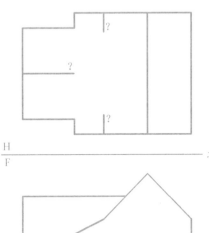

2. 已知：屋面等坡，已知建筑形体的 F 投影和 H 投影的一部分。
   求作：完成 F、H 投影。

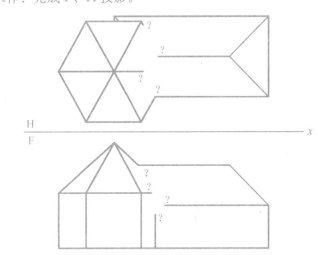

3. 已知：四坡屋面建筑形体，屋面坡度均为 30°，已知 H、F 投影的一部分。
   求作：完成 H、F 投影，并作出 S 投影。

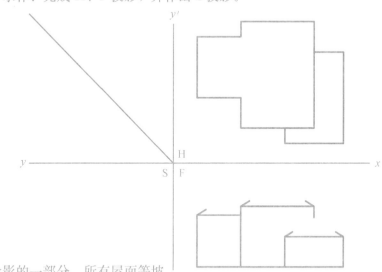

4. 已知：平面呈 Y 形的建筑形体，屋面坡度相等，屋面中部有一矩形水箱，已知形体的 H 投影和 F 投影的一部分。
   求作：完成 F 投影，作出 S 投影。

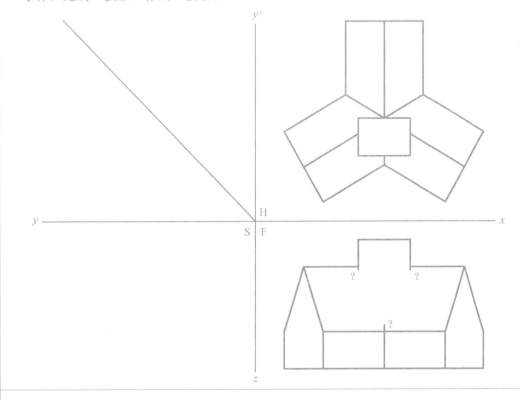

5. 已知：建筑形体 H、F 投影的一部分，所有屋面等坡。
   求作：完成 H、F 投影，并作出 S 投影。

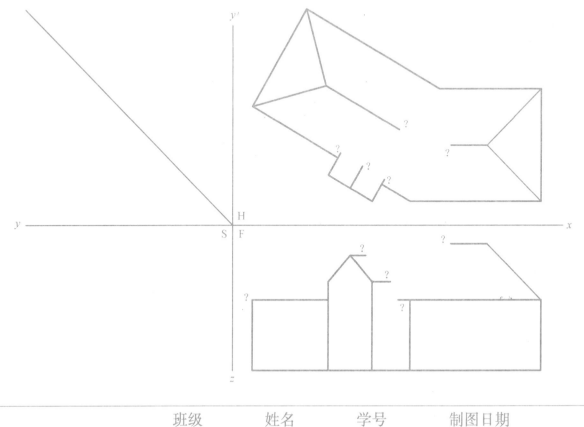

班级	姓名	学号	制图日期

1. 已知：四坡屋面上有一三角形烟囱，已知建筑形体的 H 投影和 F 投影的一部分。
　求作：完成 F 投影，作出形体的 S 投影，并求出直线 AB 的实长。

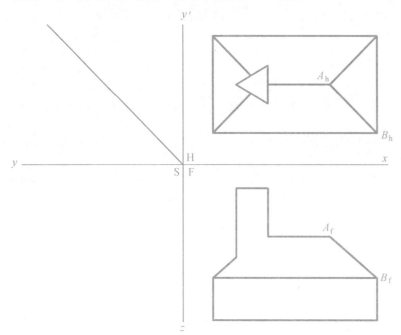

2. 已知：建筑形体的 F、S 投影。
　求作：完成 H 投影，并求出平面 a 的实形。

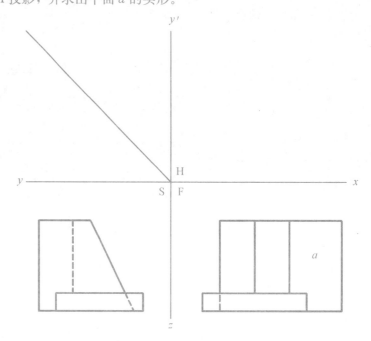

3. 已知：建筑形体的 F、H 投影。
　求作：完成 S 投影，并求出平面 a 的实形。

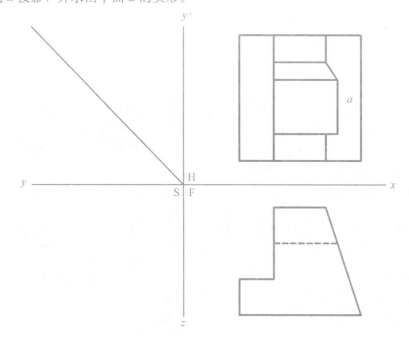

4. 已知：三棱锥与四棱柱相交，已知建筑形体的 H 投影和 F、S 投影的一部分。
　求作：完成 F、S 投影，并求出平面 a 的实形。

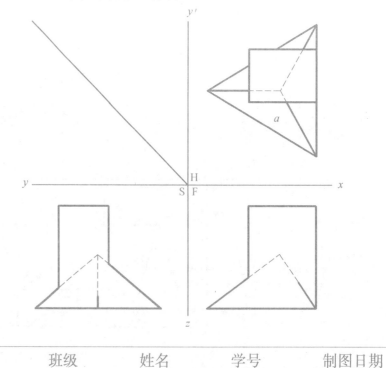

班级	姓名	学号	制图日期

1. 已知：圆锥被一平面所切，已知切后的 F 投影和 H 投影的一部分。
　求作：完成 H、S 投影。

2. 已知：圆柱体与四棱锥相交，已知形体的 H 投影和 F、S 投影的一部分。
　求作：完成 F、S 投影。

班级　　　姓名　　　学号　　　制图日期

1. 已知：两圆拱相交，已知 F、S 投影。
   求作：完成 H 投影。

2. 已知：两圆柱体相交，已知 F、S 投影。
   求作：完成 H 投影。

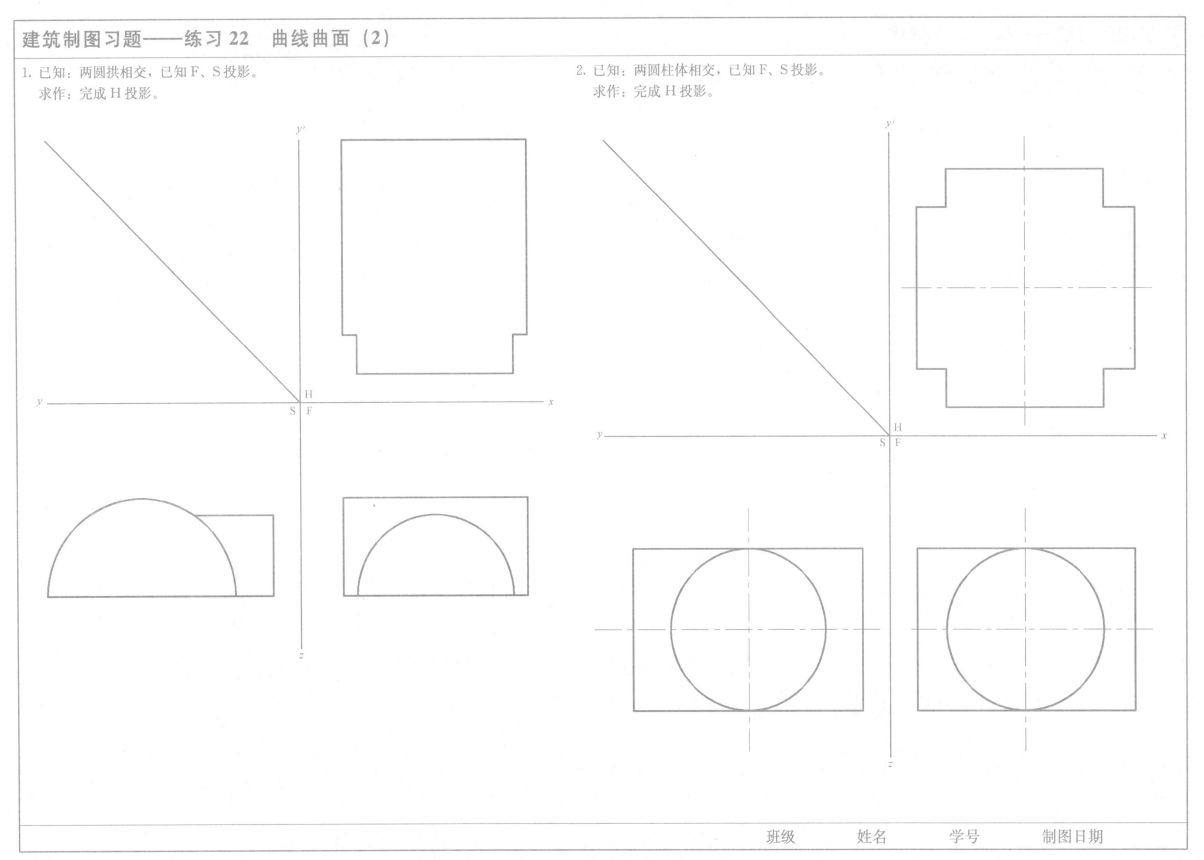

班级　　姓名　　学号　　制图日期

1. 已知：圆台与圆拱相交，已知 F 投影和 H、S 投影的一部分。
　 求作：完成 H、S 投影。

2. 已知：圆锥与圆柱体相交，已知 H 投影和 F、S 投影的一部分。
　 求作：完成 F、S 投影。

班级　　　　姓名　　　　学号　　　　制图日期

1. 已知：板式旋转楼梯的 H 投影，踏步每步高 h，板厚 h。
   求作：旋转楼梯的 F 投影（虚线不画）。

2. 已知：被削切的球冠在 H、F、S 投影面上的部分投影。
   求作：完成 H、F、S 投影。

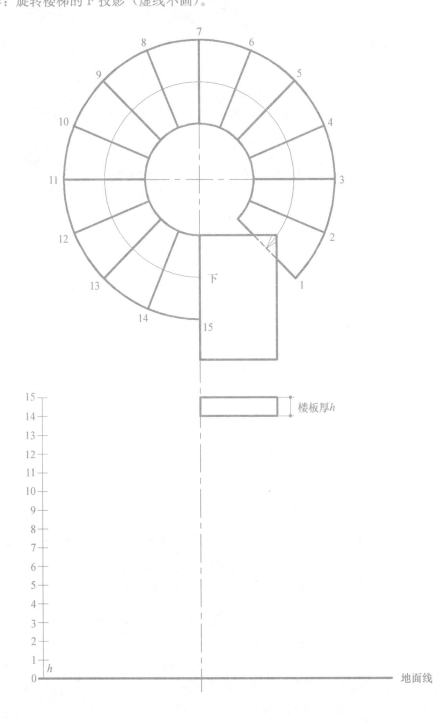

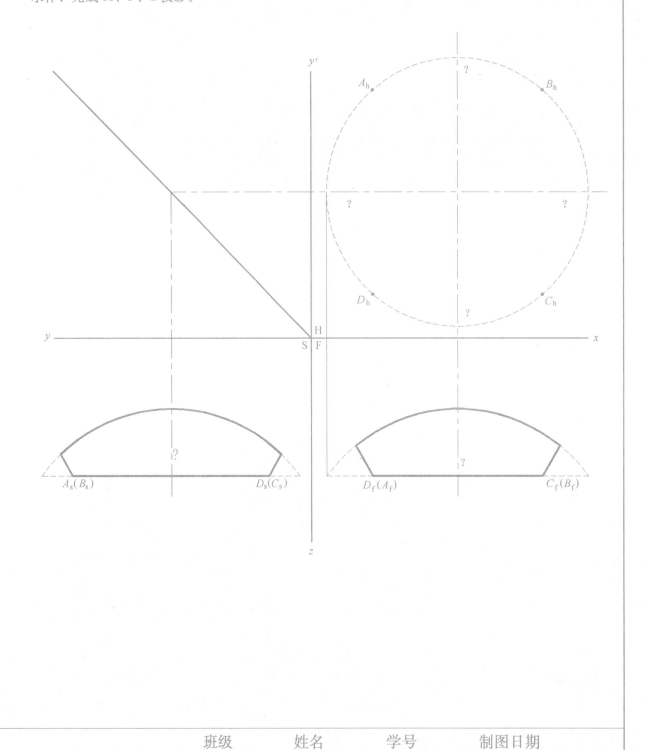

已知：建筑物的一层剖轴测，比例 1∶100。

求作：绘制其一层平面图，布置起居室的家具，比例 1∶100。

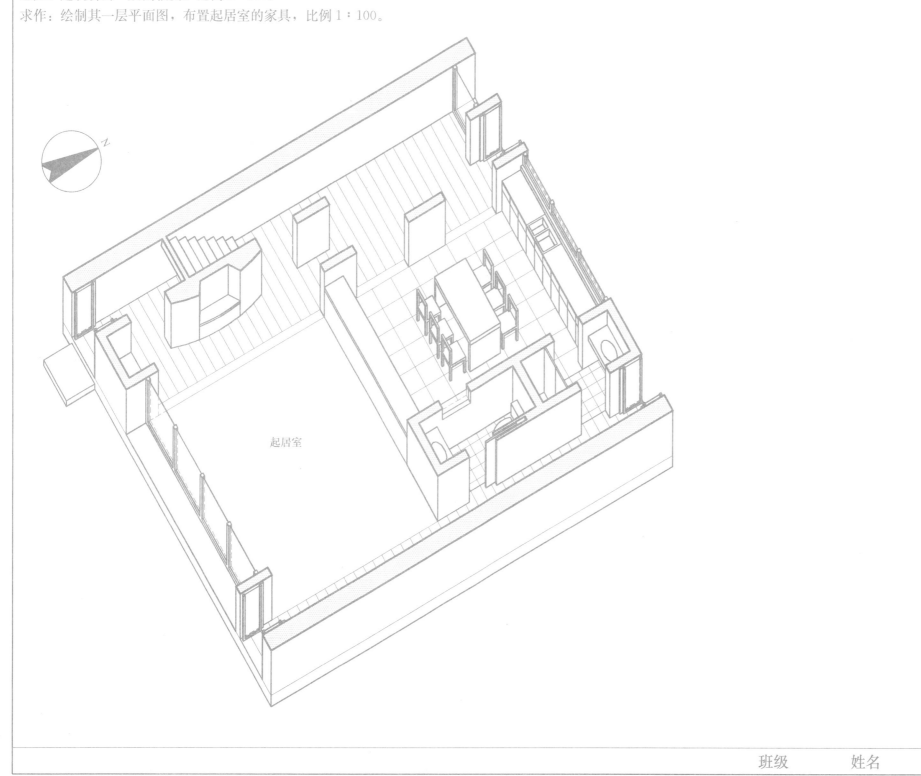

起居室

根据建筑形体的轴测图，作该建筑的南立面和西立面，用线条等级的不同，表达出体块的层次关系。

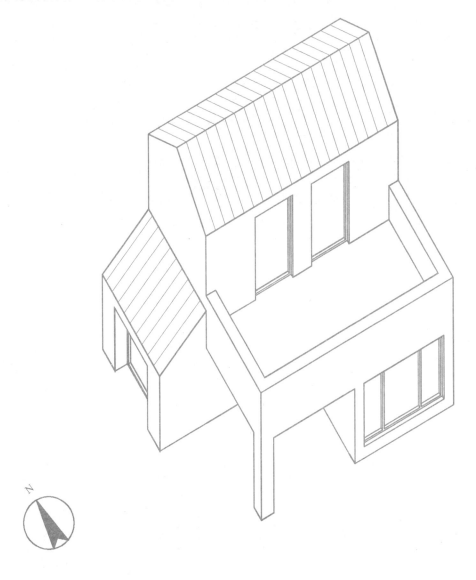

| 班级 | 姓名 | 学号 | 制图日期 |

1. 已知：某建筑的平面图（1：100），踏步每级高 150mm。
   标注尺寸：要求标注两个方向，三道尺寸，并标注室内外标高。

2. 已知：某建筑的剖面图（1：100）。
   标注尺寸：要求标注一个方向，二道尺寸，并标注各楼层、檐口、地面的标高，及屋面坡度。

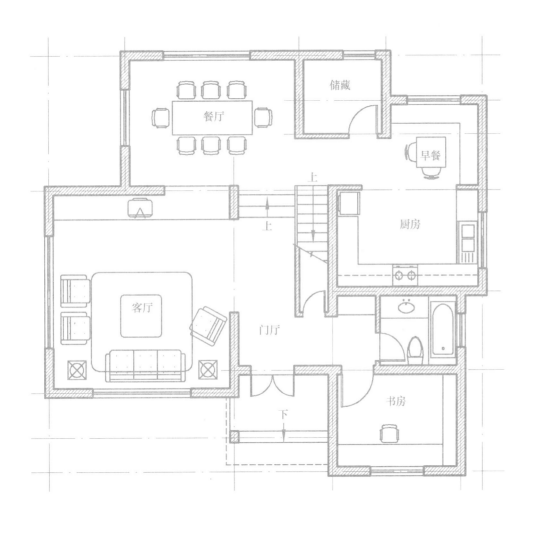

餐厅

储藏

早餐

上

上

厨房

客厅

门厅

书房

下

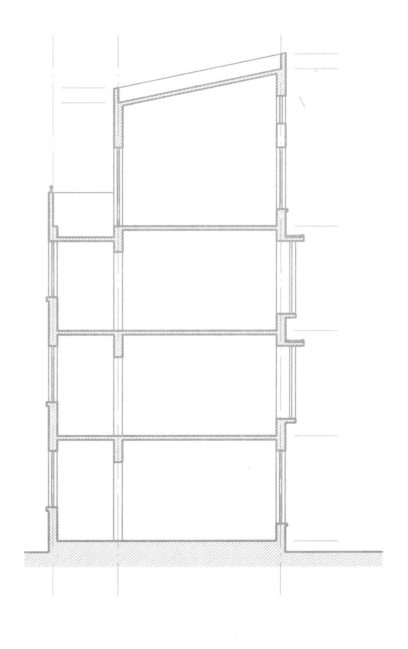

班级	姓名	学号	制图日期

建筑制图习题——练习 28 建筑图（4）

已知：两坡屋面坡度为 30°，屋面平面外轮廓线及檐口高度见建筑形体的屋顶平面及南立面图。
求作：完成屋顶平面图及四个立面图。

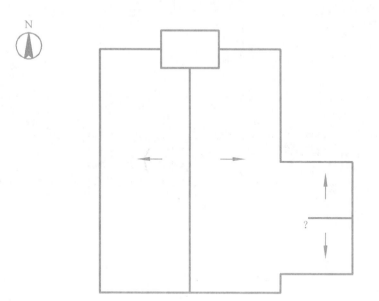

屋顶平面图

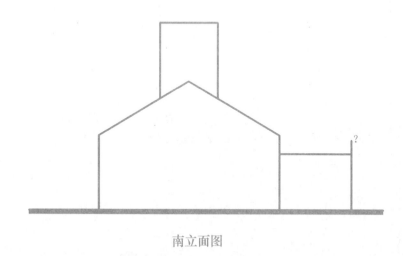

南立面图

班级	姓名	学号	制图日期

已知：建筑主体为四坡屋面，西面有一圆拱形屋面的入口，南面有一断面为三角形的入口。已知建筑形体的屋顶平面和南立面、西立面的一部分。

求作：（1）完成屋顶平面图。

（2）完成四个立面图。

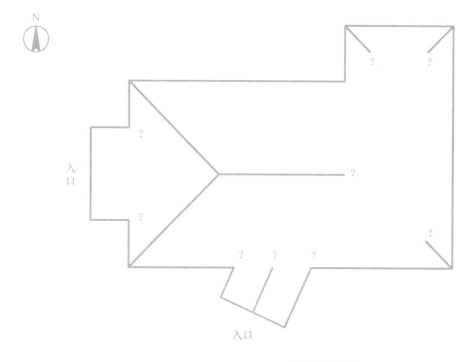

屋顶平面图

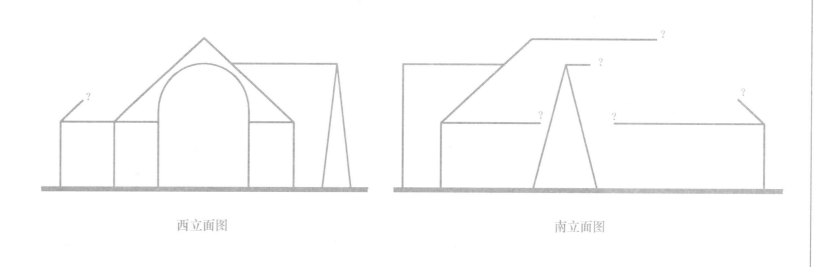

西立面图

南立面图

班级 · 姓名 学号 制图日期

根据下列两建筑形体的三视图，作建筑形体的正轴测图。

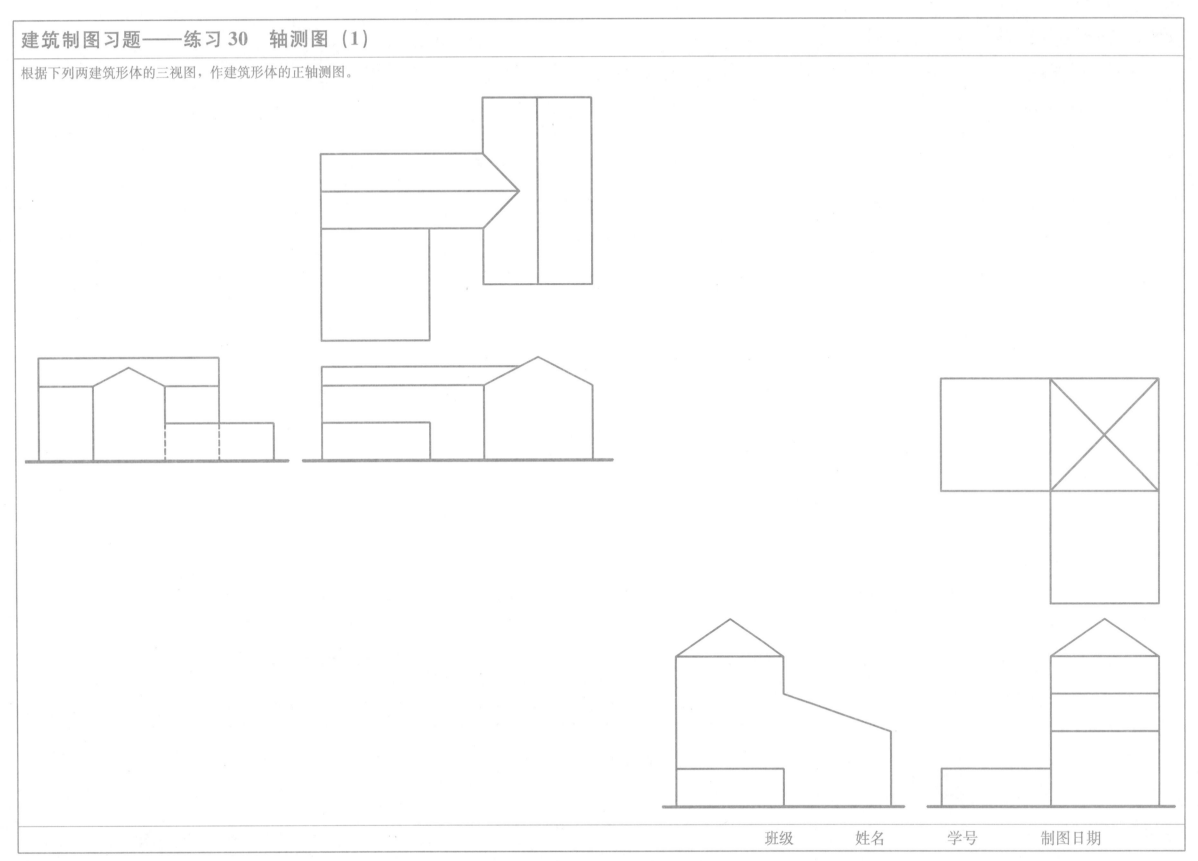

班级	姓名	学号	制图日期

根据下列两建筑形体的三视图，作建筑形体的立面斜轴测图。

| 班级 | 姓名 | 学号 | 制图日期 |

根据下列两建筑形体的视图，作建筑形体的水平斜轴测图。

根据建筑形体的三视图，自选轴测图类型，作建筑形体的轴测图。

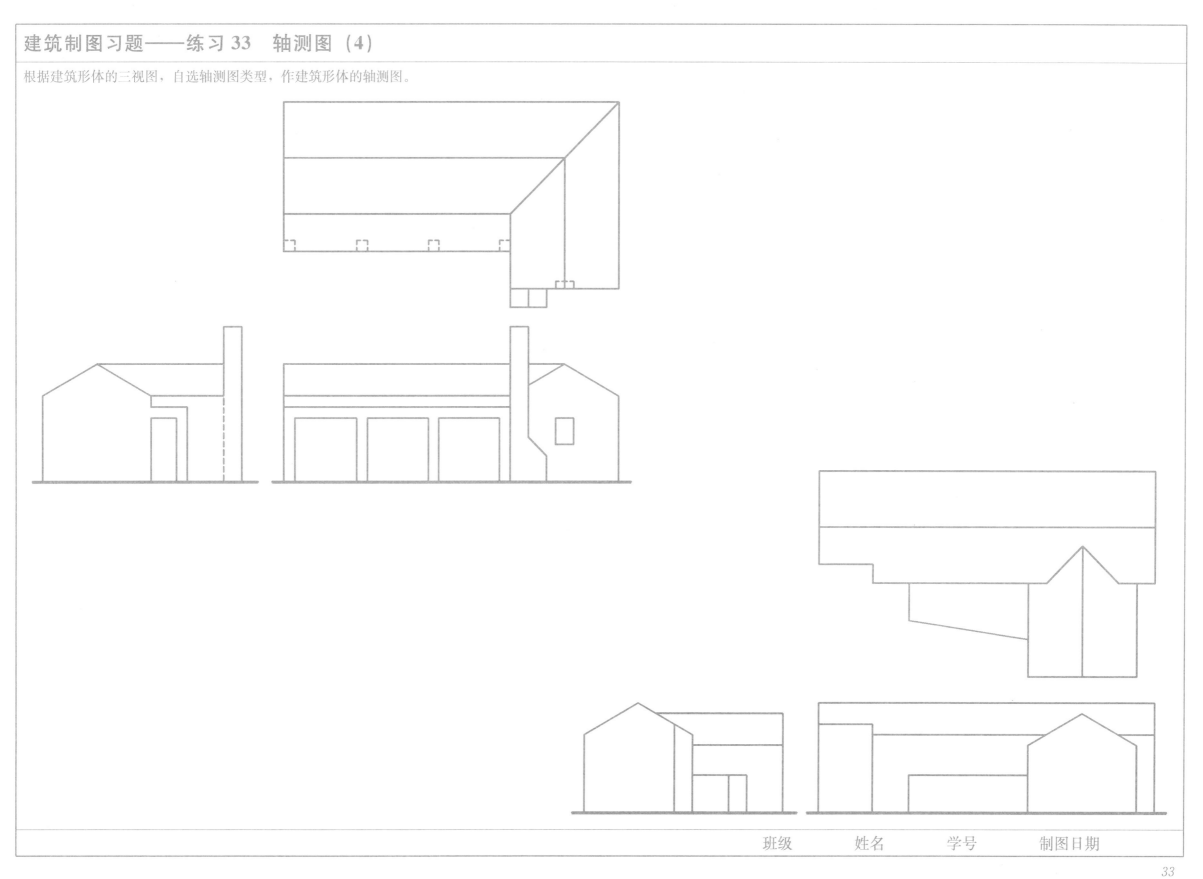

班级	姓名	学号	制图日期

已知：建筑的平、立、剖面图，比例 1：100。
求作：自选轴测图类型，作建筑形体的轴测图。

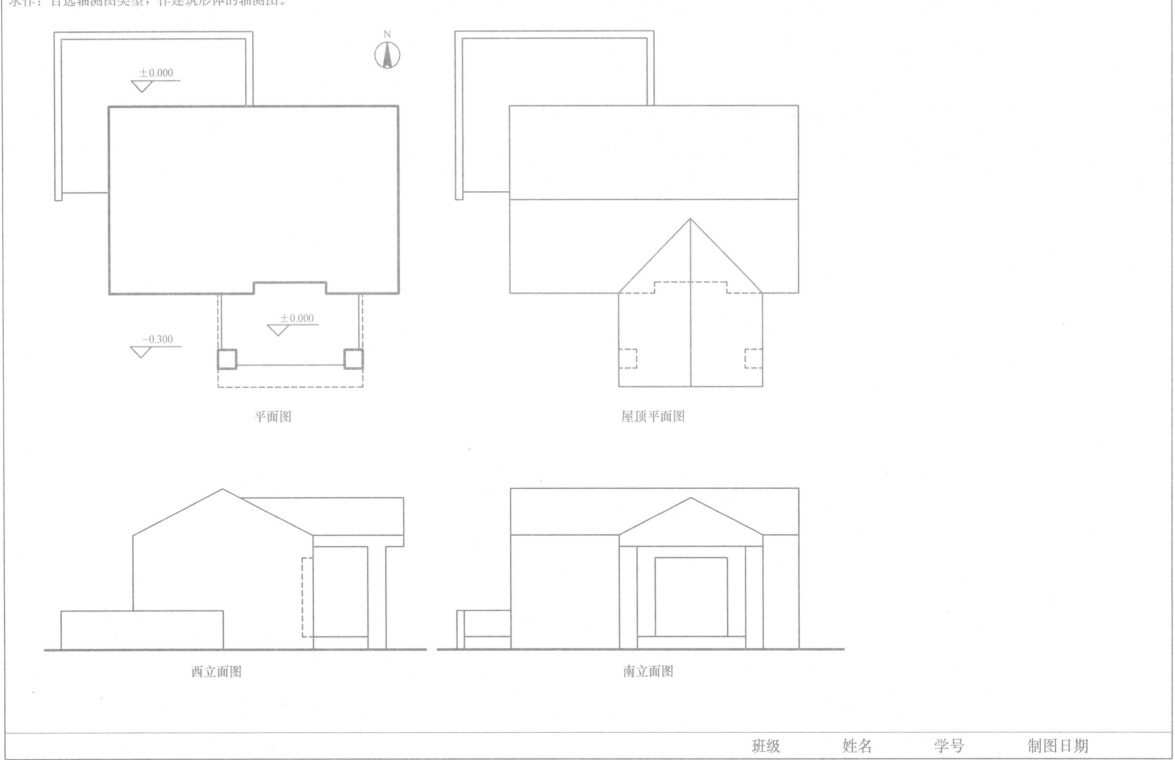

±0.000

−0.300　±0.000

N

平面图　　　　　　　　　屋顶平面图

西立面图　　　　　　　　南立面图

班级	姓名	学号	制图日期

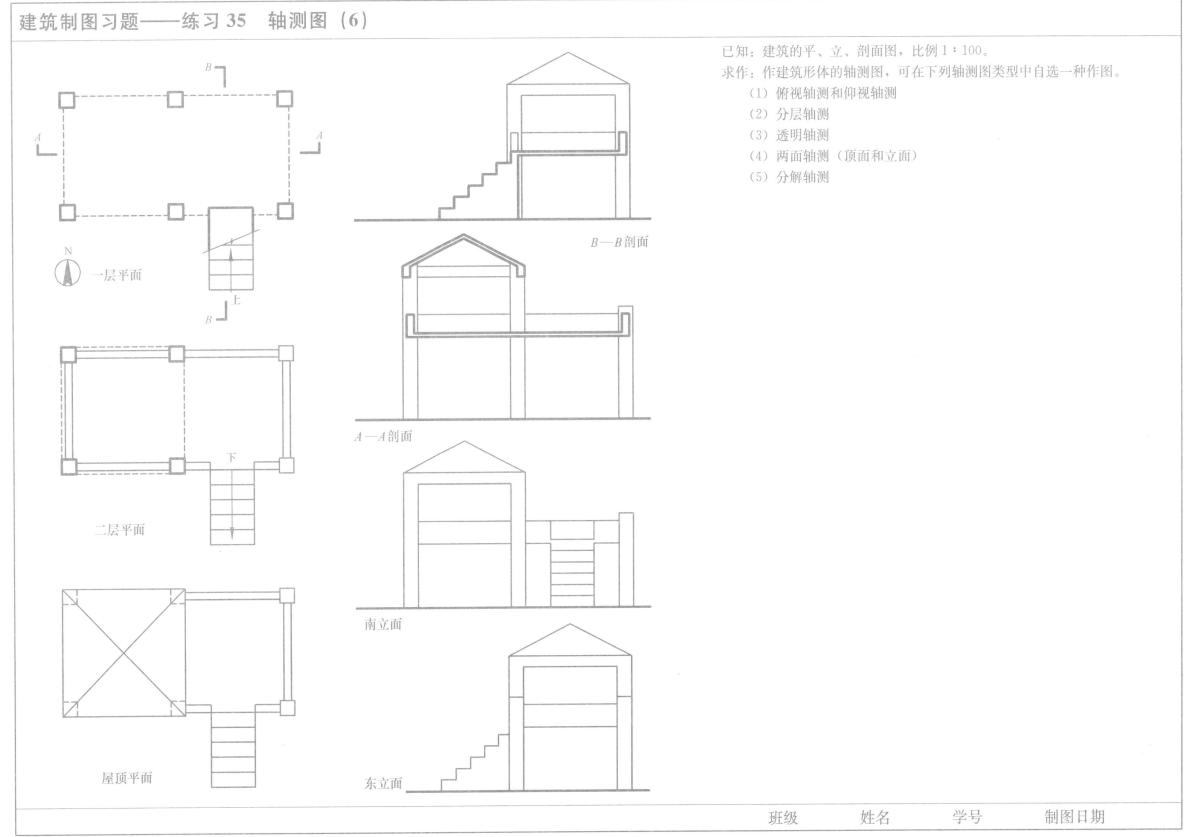

已知：建筑的平、立、剖面图，比例 1：100。

求作：作建筑形体的轴测图，可在下列轴测图类型中自选一种作图。

（1）俯视轴测和仰视轴测

（2）分层轴测

（3）透明轴测

（4）两面轴测（顶面和立面）

（5）分解轴测

N

一层平面

二层平面

屋顶平面

上

下

B—B剖面

A—A剖面

南立面

东立面

| 班级 | 姓名 | 学号 | 制图日期 |

求作建筑形体的透视图。

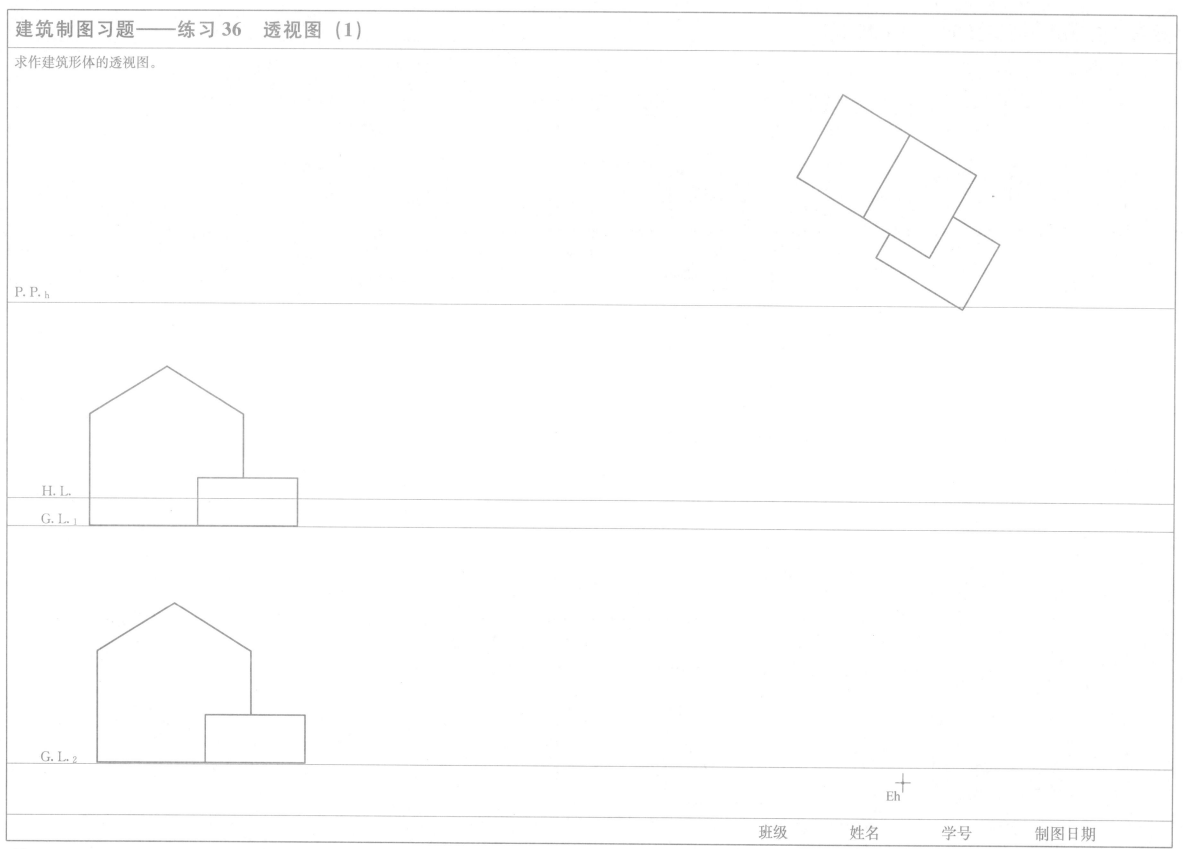

P. P. h

H. L.

G. L. 1

G. L. 2

Eh

班级　　　姓名　　　学号　　　制图日期

求作建筑形体的透视图。

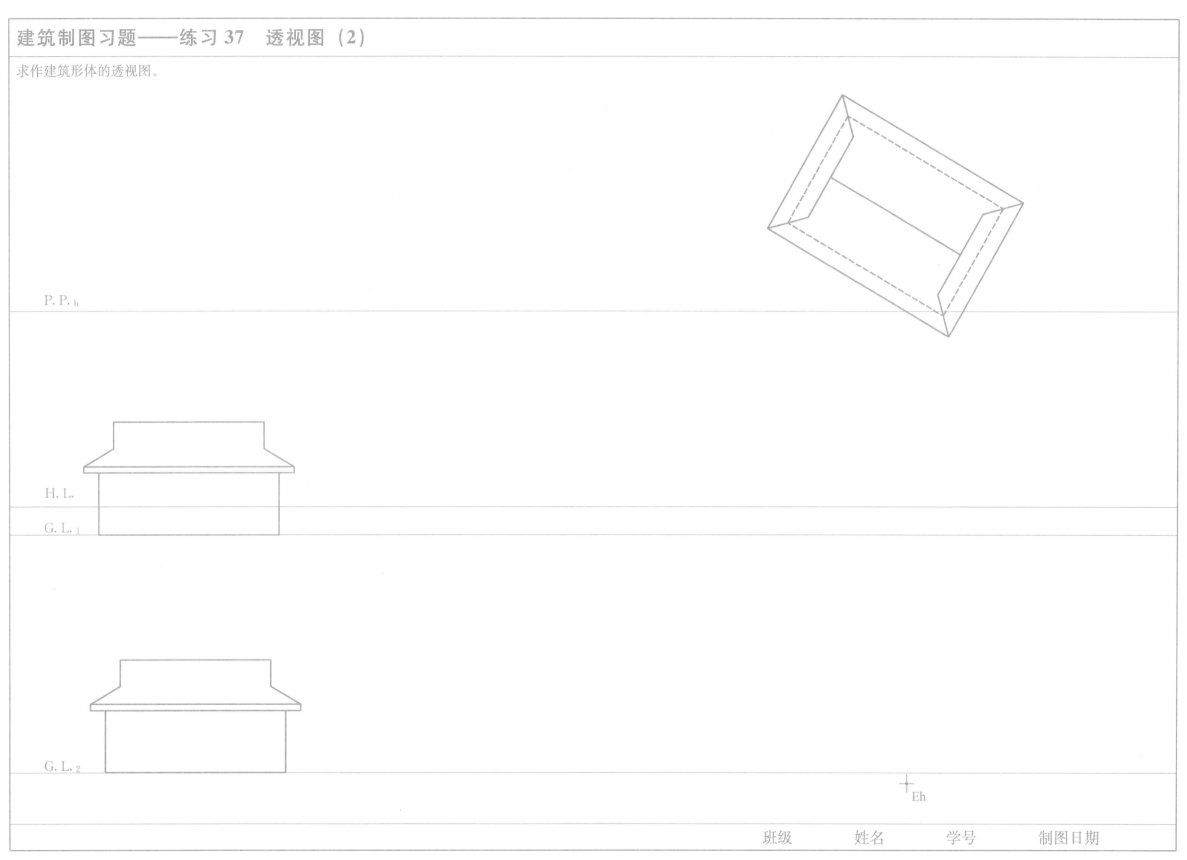

P. P. h

H. L.

G. L. 1

G. L. 2

+
Eh

班级　　　姓名　　　学号　　　制图日期

求作建筑形体的透视图。

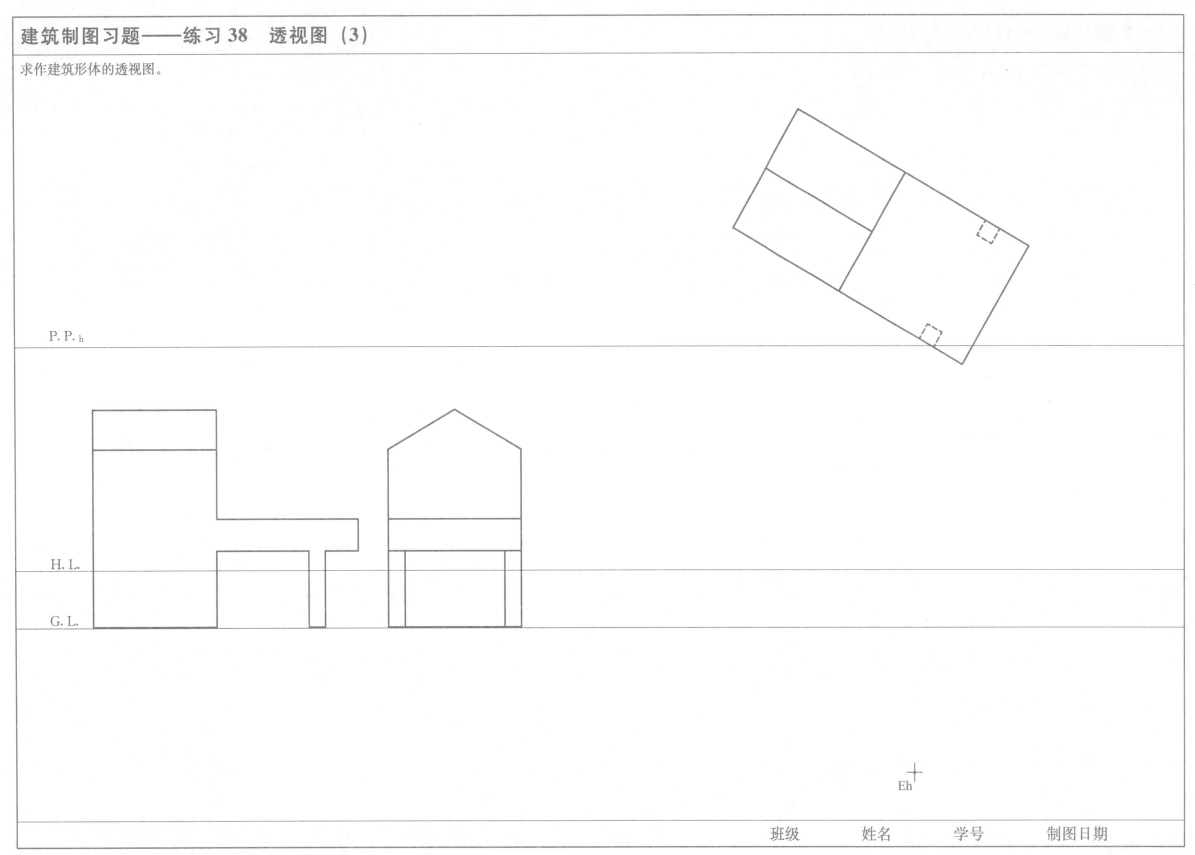

P. P. h

H. L.

G. L.

Eh

班级   姓名   学号   制图日期

求作建筑形体的透视图。

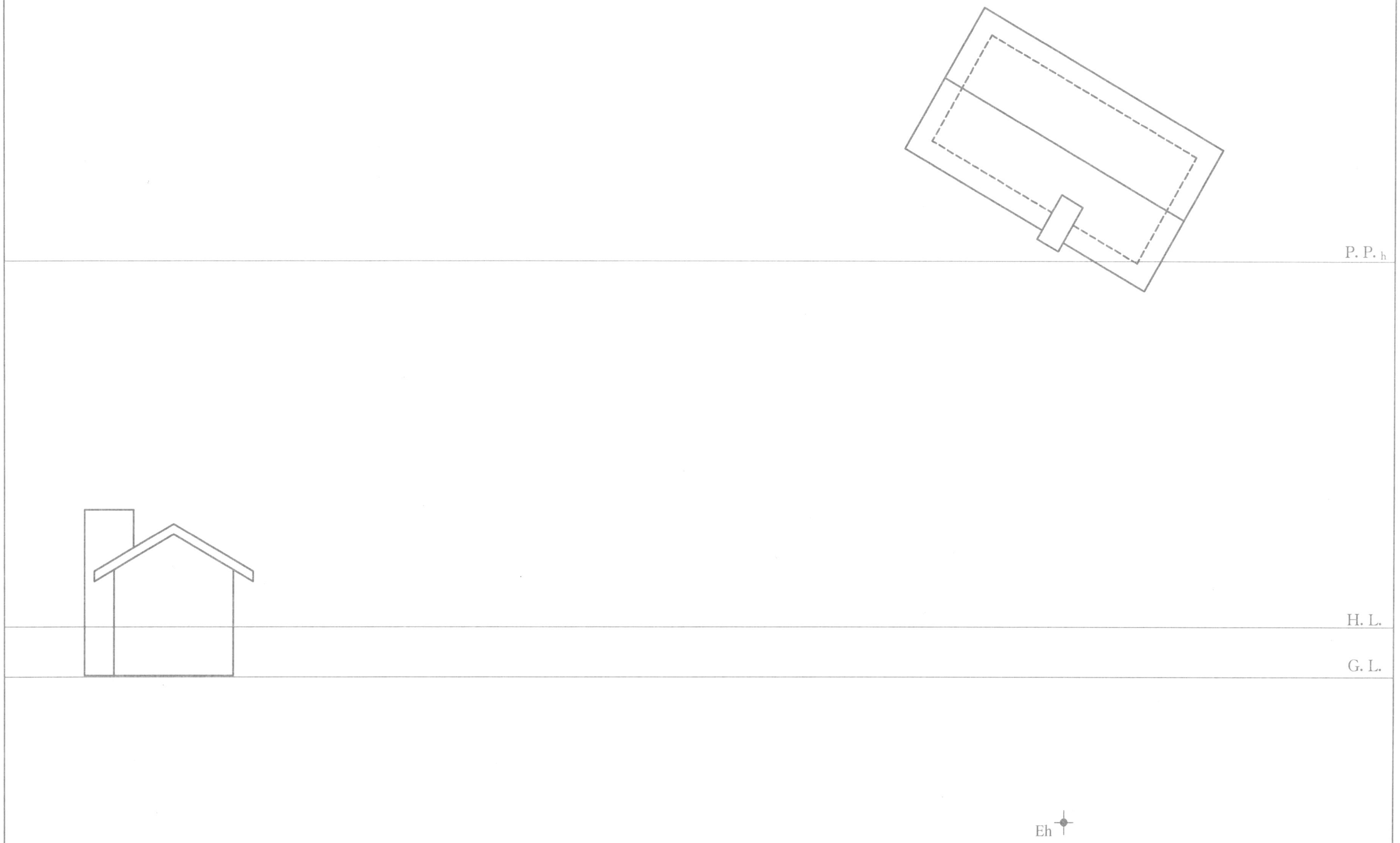

P. P. h

H. L.

G. L.

Eh

已知：建筑形体的平面、屋顶平面、立面图及视高 H。
求作：自选适当的画面和视点位置用量点法作一点透视图。

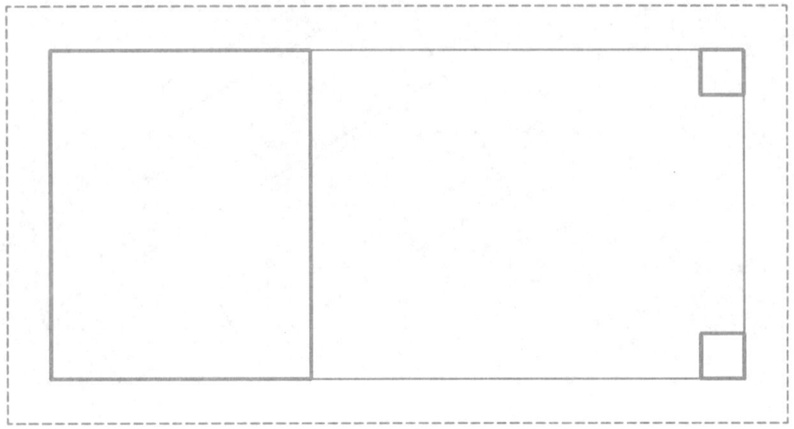

平面图

屋顶平面图

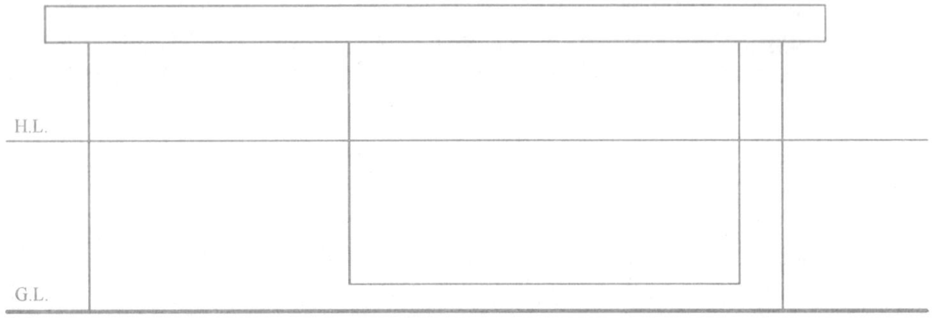

H.L.

G.L.

南立面图

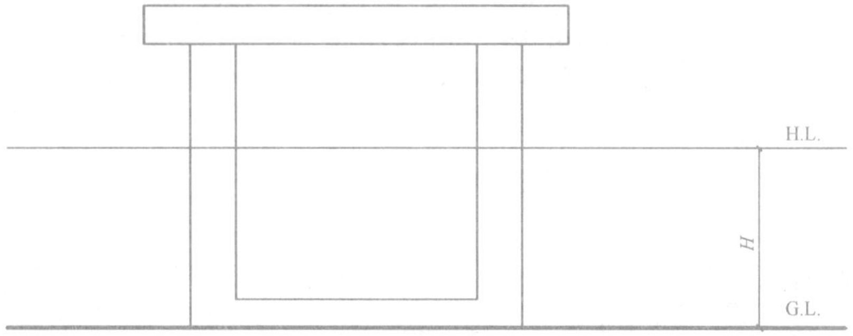

H.L.

G.L.

H

东立面图

班级　　　姓名　　　学号　　　制图日期

建筑制图习题——练习 41 透视图（6）

已知：建筑形体的平面、剖面图及视平线 H.L.、画面 P.P.h。
求作：自选适当的视点位置，利用剖面作室内一点透视图。

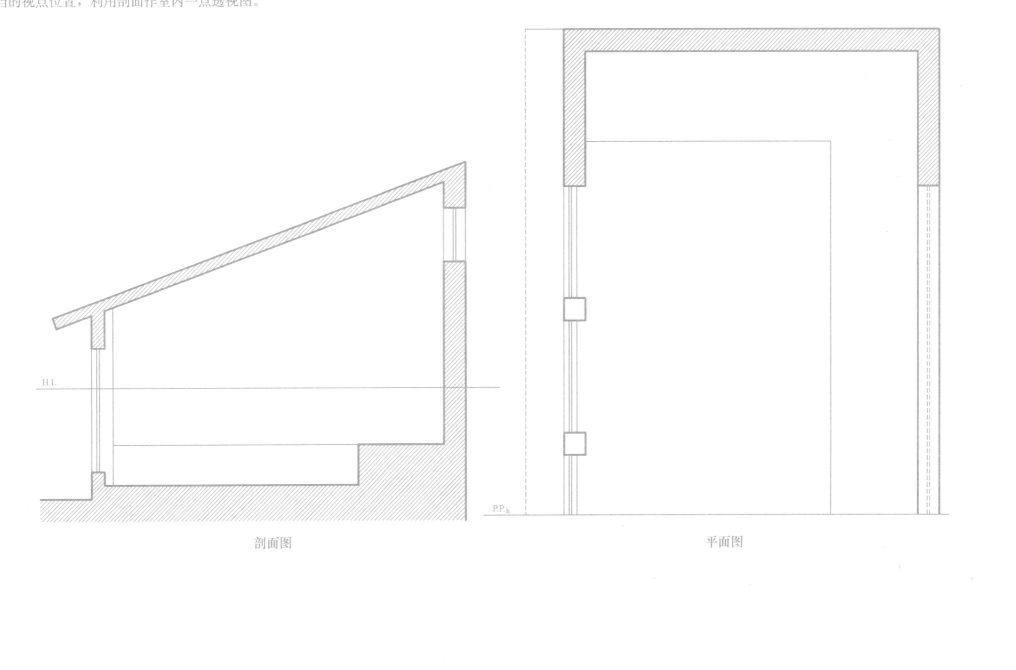

剖面图   平面图

班级   姓名   学号   制图日期

建筑制图习题——练习42 透视图（7）

已知：建筑形体的平面、立面图及视平线 H.L.，画面 P.P.h。
求作：自选适当的画面和视点位置作一点透视图。

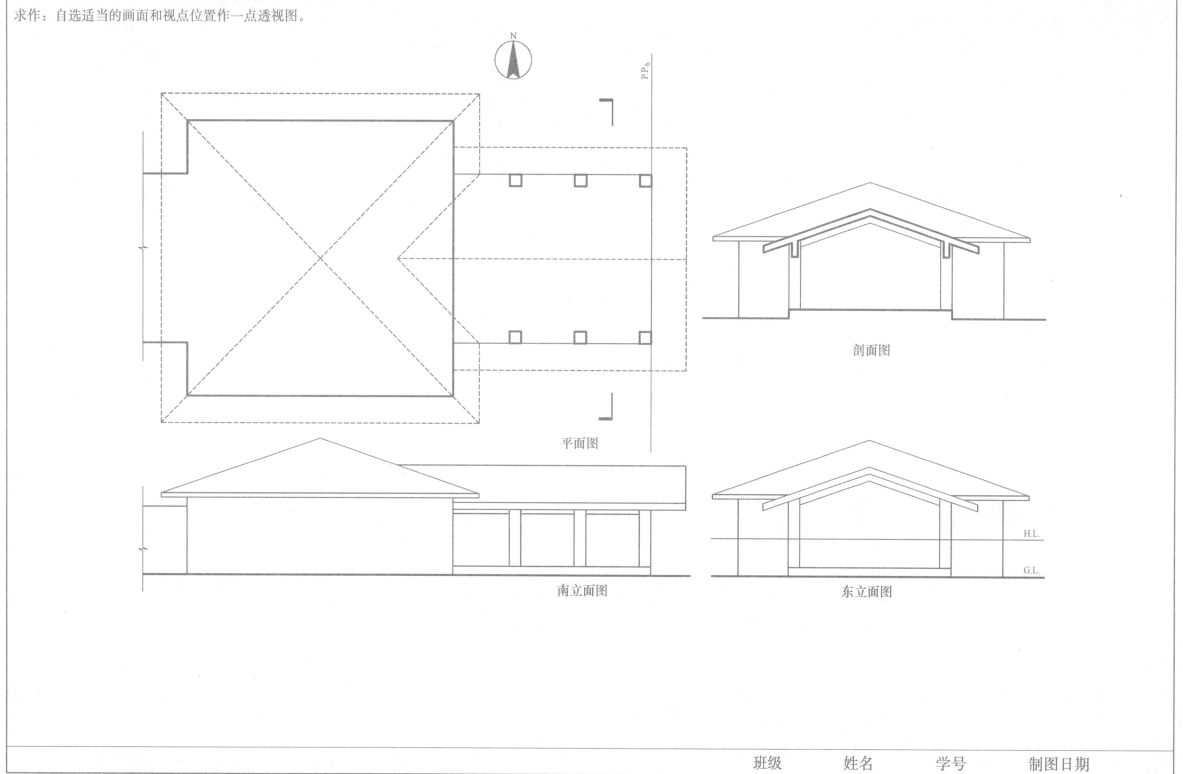

N

P.P.h

剖面图

平面图

南立面图

东立面图

H.L.

G.L.

班级　　姓名　　学号　　制图日期

已知：建筑形体的平面、屋面平面、立面图及视平线 H.L.。
求作：自选适当的画面和视点位置，用量点法作两点透视图。

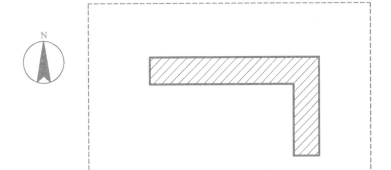

平面图

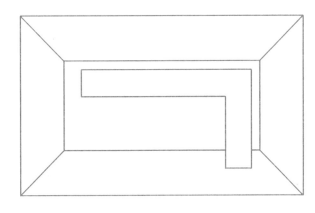

屋顶平面图

H.L. ———————————————————————— H.L.

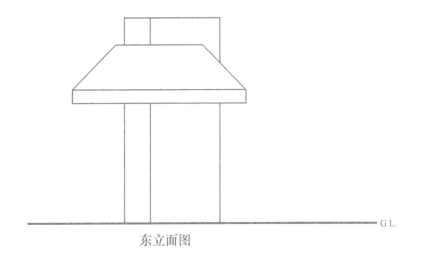

G.L. ———————————————————————— G.L.

南立面图   东立面图

班级   姓名   学号   制图日期

已知：建筑形体的平面、立面图及视平线 H.L.。
求作：自选适当的画面和视点位置作两点透视图。

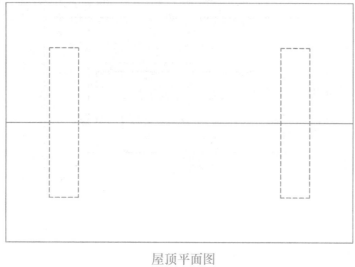

屋顶平面图

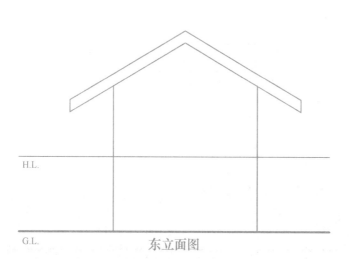

东立面图

平面图

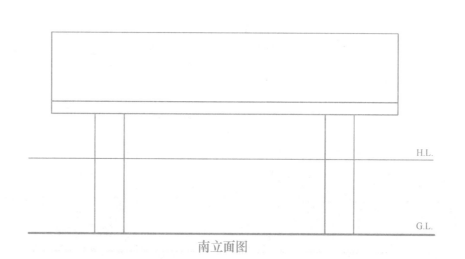

南立面图

班级	姓名	学号	制图日期

已知：建筑形体的一层平面、二层平面和西、南两个立面。视平线 H.L. 的高度如图所示。
求作：自选适当的画面和视点位置作两点透视图。

H.L.

G.L.

西立面

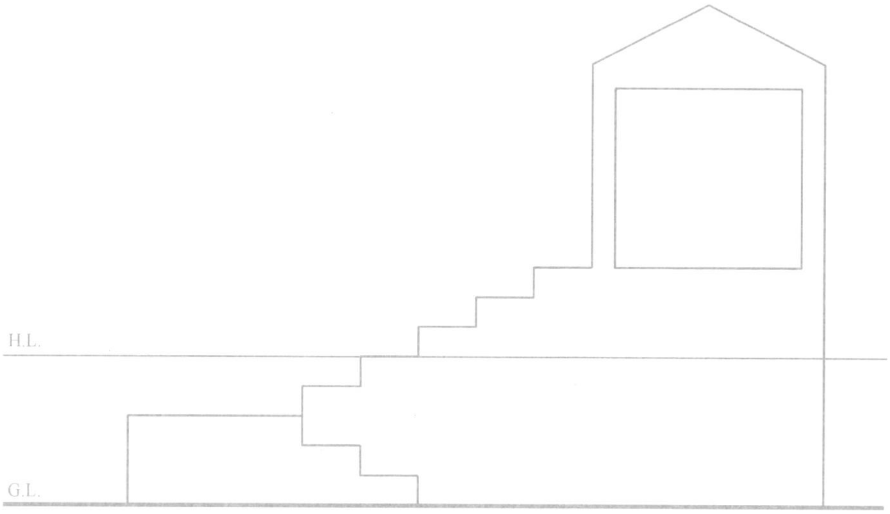

H.L.

G.L.

南立面

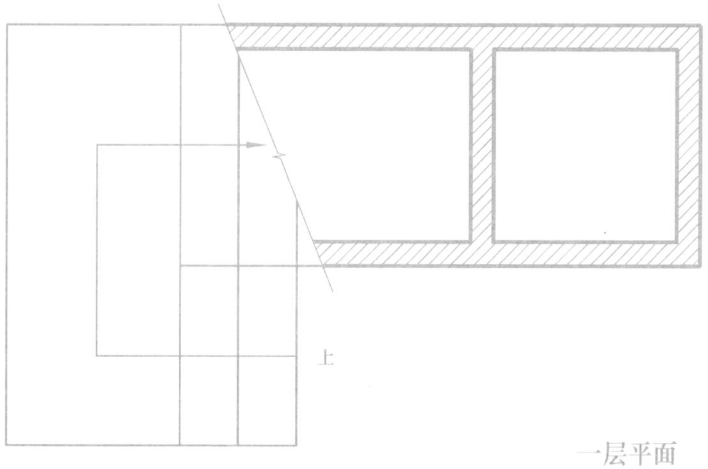

N

上

一层平面

下

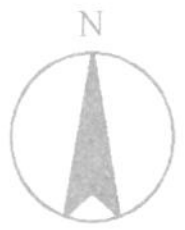

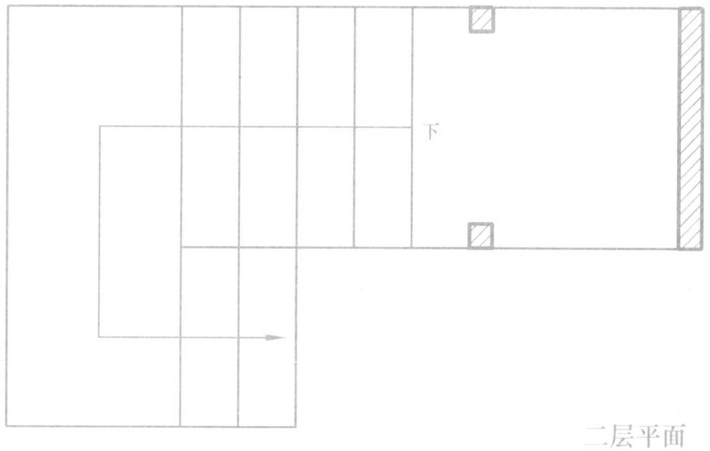

二层平面

班级　　姓名　　学号　　制图日期

已知：建筑形体的平面、立面图及视高 H。
求作：自选适当的画面和视点位置作两点透视图。

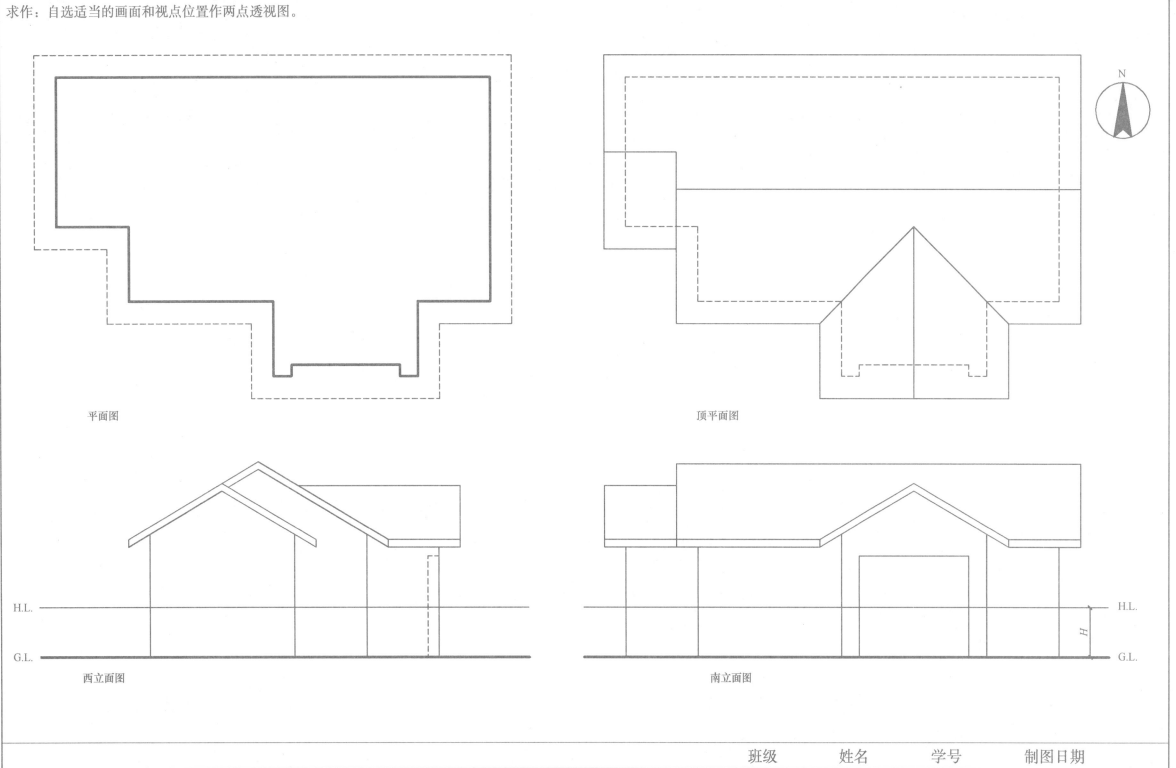

平面图

顶平面图

H.L.

G.L.

西立面图

H.L.

H.L.

H

G.L.

南立面图

班级	姓名	学号	制图日期

1. 对下图中的垂直面和水平面深度方向进行四等分。

2. 下图中斜面和水平面的前边平行于画面，对其深度方向进行五等分。

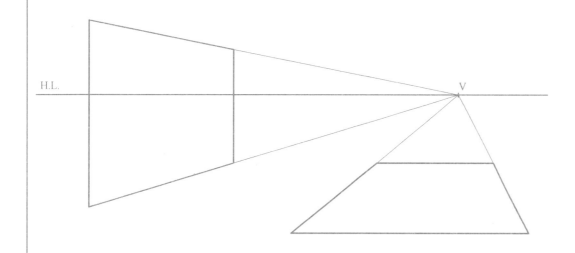

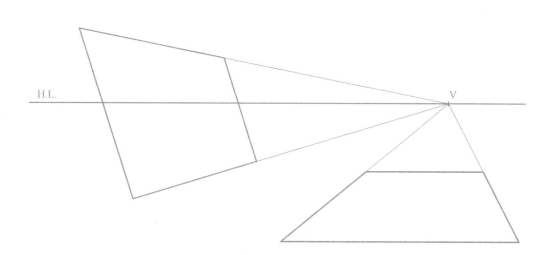

3. 下图中的立方体正面与画面平行，在深度方向上再延续画出一个等大的立方体。

下图中的三棱柱正面与画面平行，在深度方向上再延续画出两个等大的三棱柱。

4. 将下图中的柱廊在深度方向上延伸两跨。

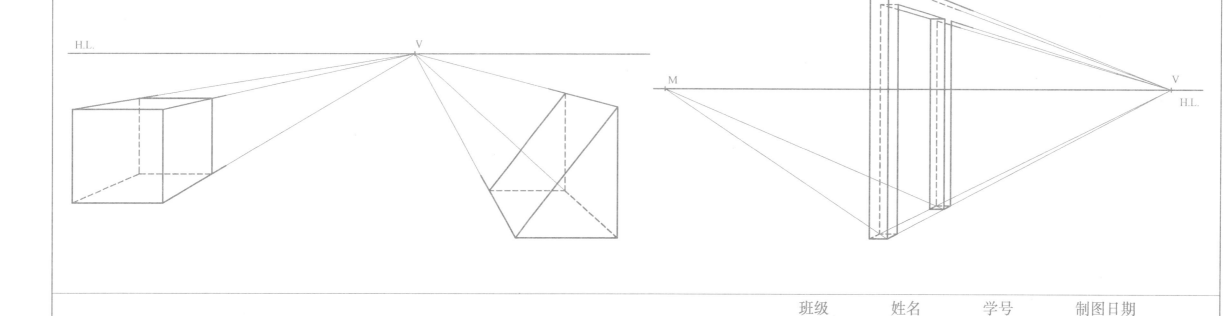

班级	姓名	学号	制图日期

建筑制图习题——练习 48　透视图（13）

完成以下透视图：

要求：（1）在 AB 之间画出楼梯（7 步踏步），楼梯宽度为 BC 的宽度。

　　　（2）在 ED 之间补全花坛，花坛断面如 E 点斜线部分所示。

　　　（3）作出建筑物的两坡屋面，屋脊到檐口的距离为 GF。

　　　（4）作出底面形状为正方形的塔楼屋面，四坡顶，最高点至檐口的高度为 JH。

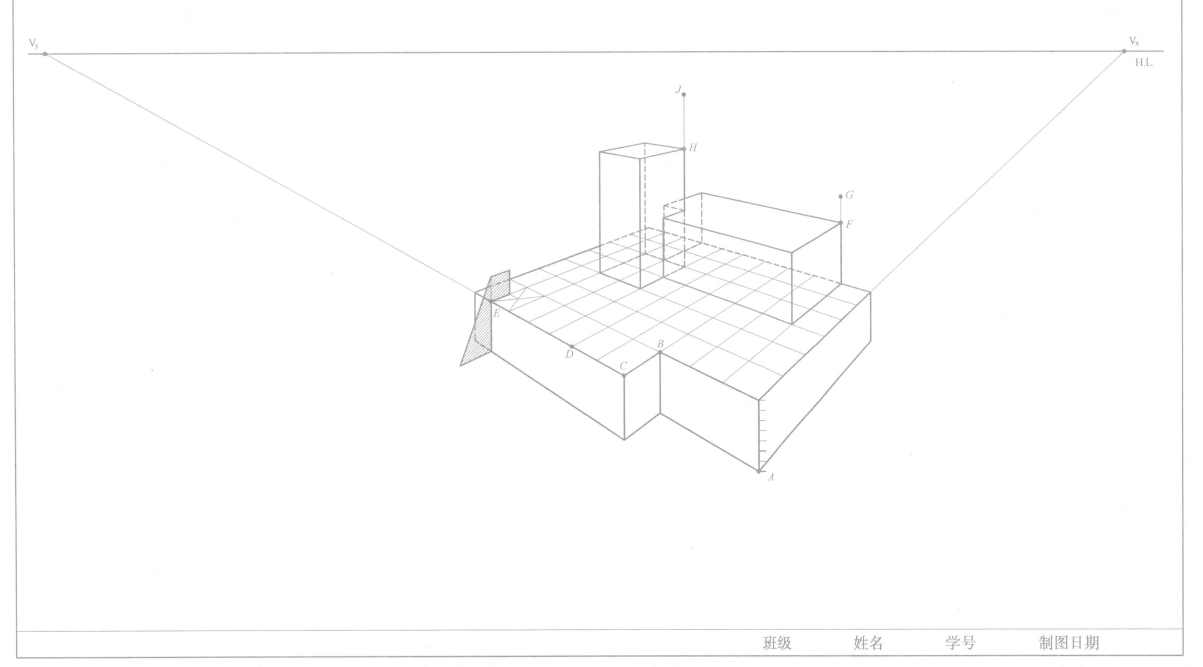

班级	姓名	学号	制图日期

建筑制图习题——练习49 透视图 (14)

已知：建筑形体的平面、立面图及视高 H。

求作：自选适当的画面和视点位置作两点透视图（可用垂直立面划分的方法辅助作图）。

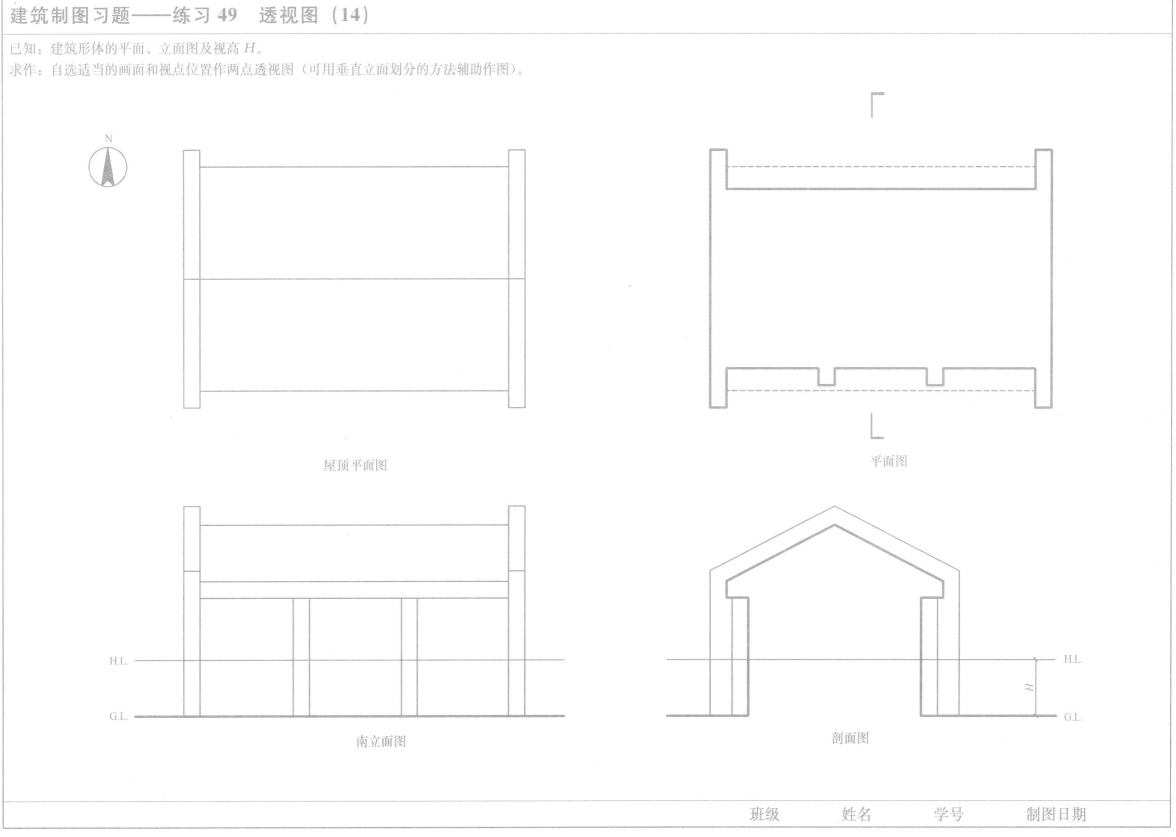

屋顶平面图

平面图

南立面图

剖面图

已知：建筑形体的透视。

求作：建筑形体在水中的倒影。

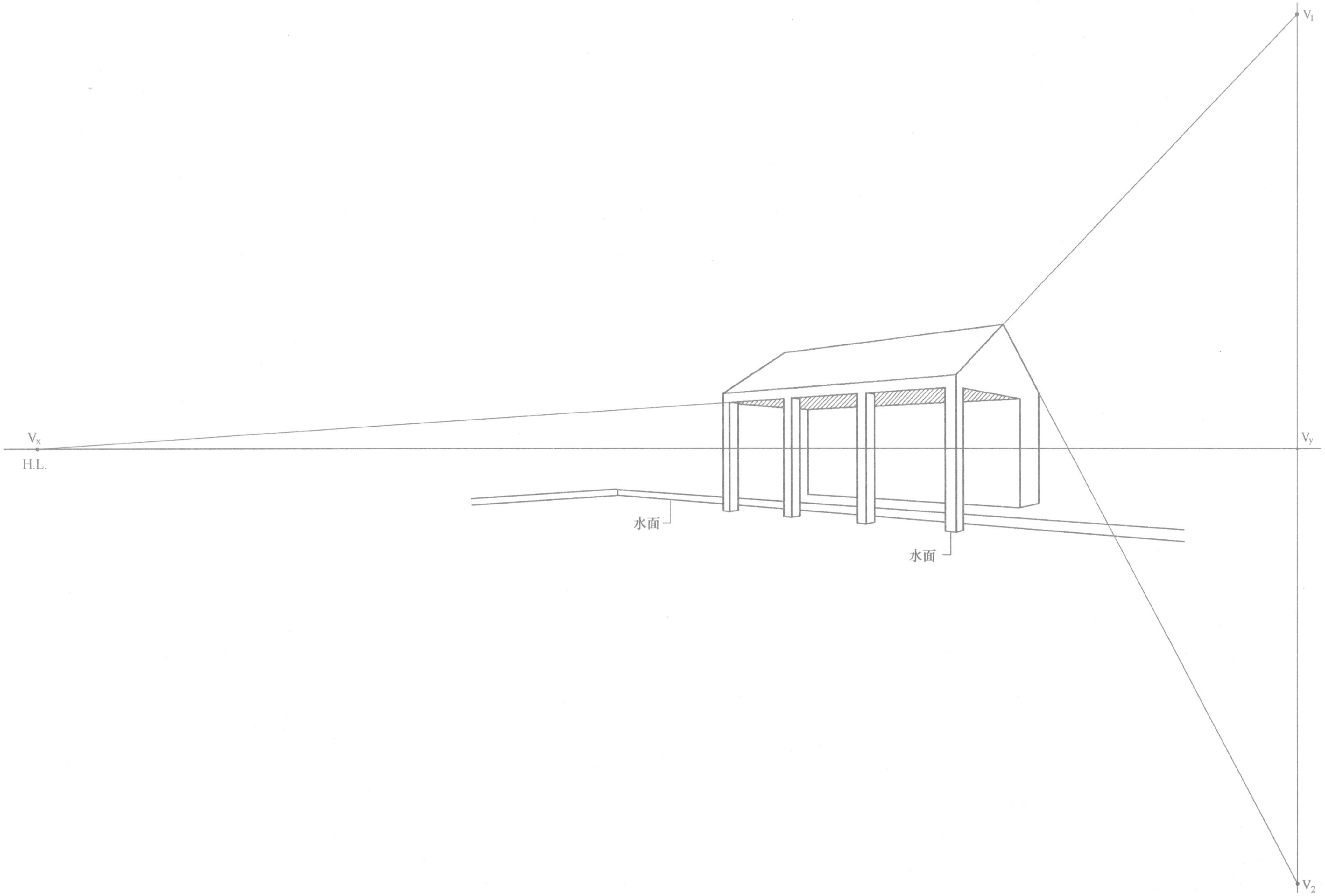

V_1

V_x

H.L.

V_y

水面

水面

V_2

班级　　　姓名　　　学号　　　制图日期

已知：建筑形体的轴测图和阳光 L 的方向。

求作：建筑形体的阴影。

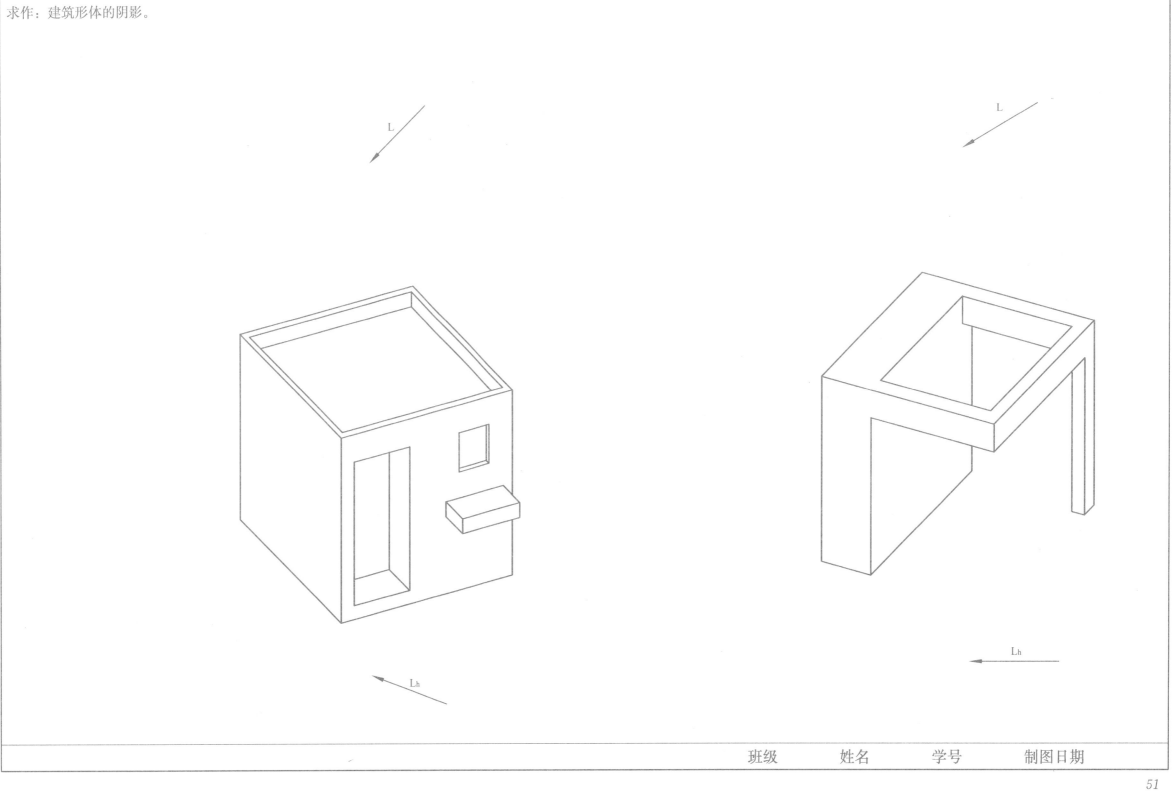

班级	姓名	学号	制图日期

已知：建筑形体的轴测图和阳光 L 的方向。

求作：建筑形体的阴影。

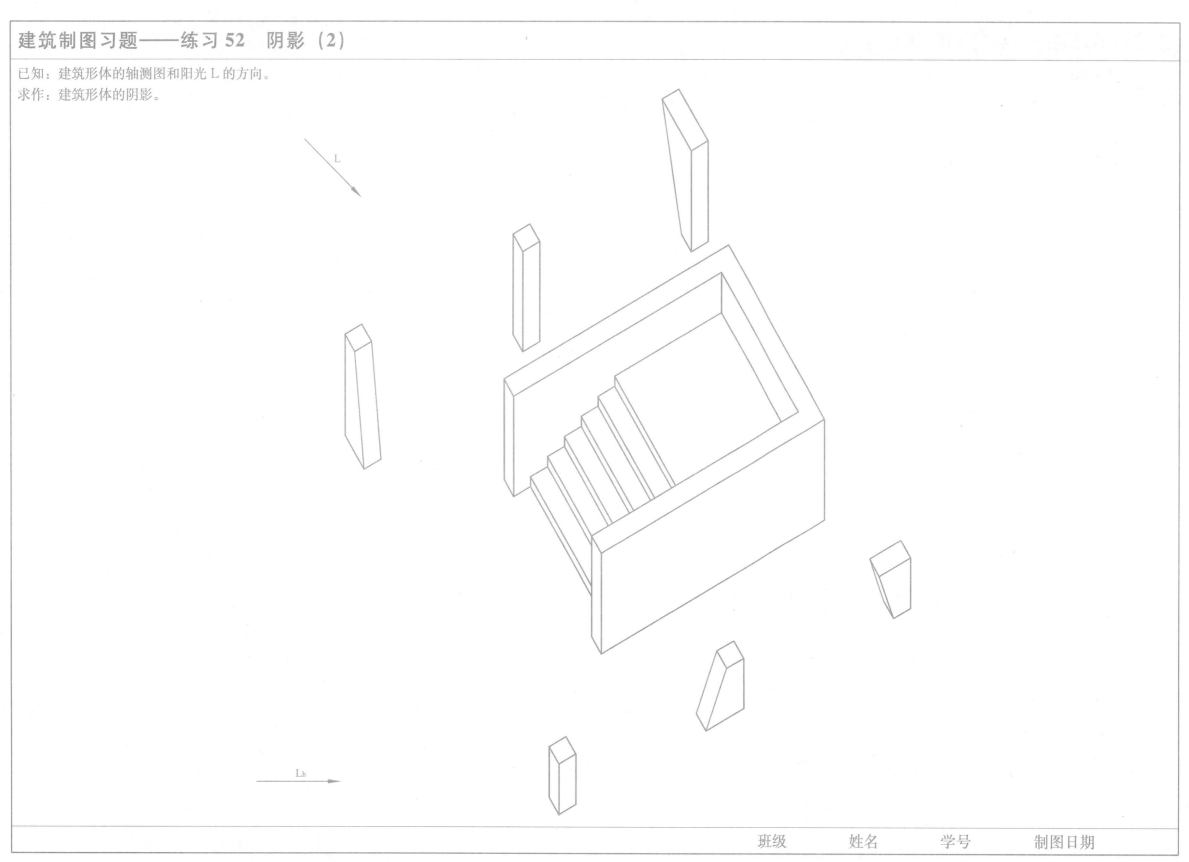

L

Lh

班级　　　姓名　　　学号　　　制图日期

已知：建筑形体的轴测图和阳光 L 的方向。

求作：建筑形体的阴影。

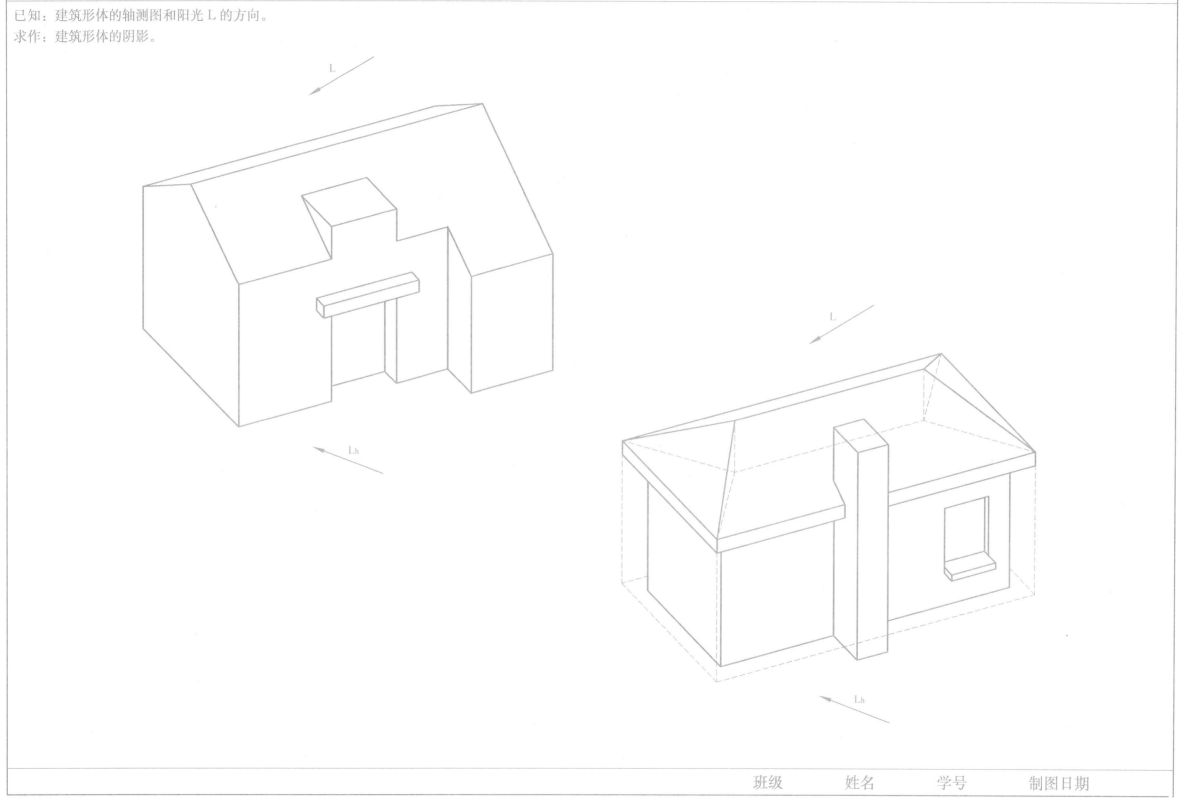

已知：建筑形体的轴测图和阳光 L 的方向。

求作：建筑形体的阴影。

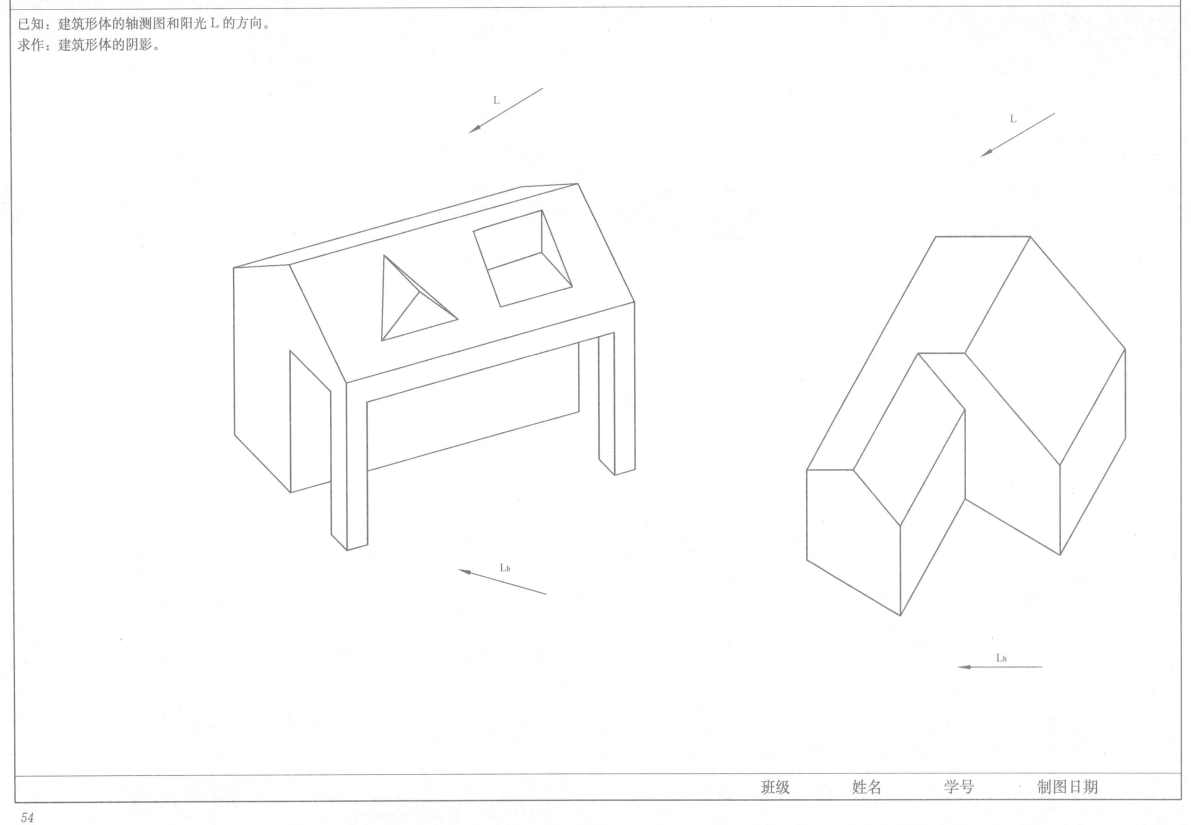

班级　　　姓名　　　学号　　　制图日期

求作建筑形体的阴影。

$V_{L.h}$　　　　　V_x　　　　　　　　　　　　　　　　　V_y

V_L

求作建筑形体的阴影。

V_{Lh}　　　　　　　　　　　　　　　　　V_x　　　　　　　　　　　H.L.

V_L

求作建筑形体的阴影。

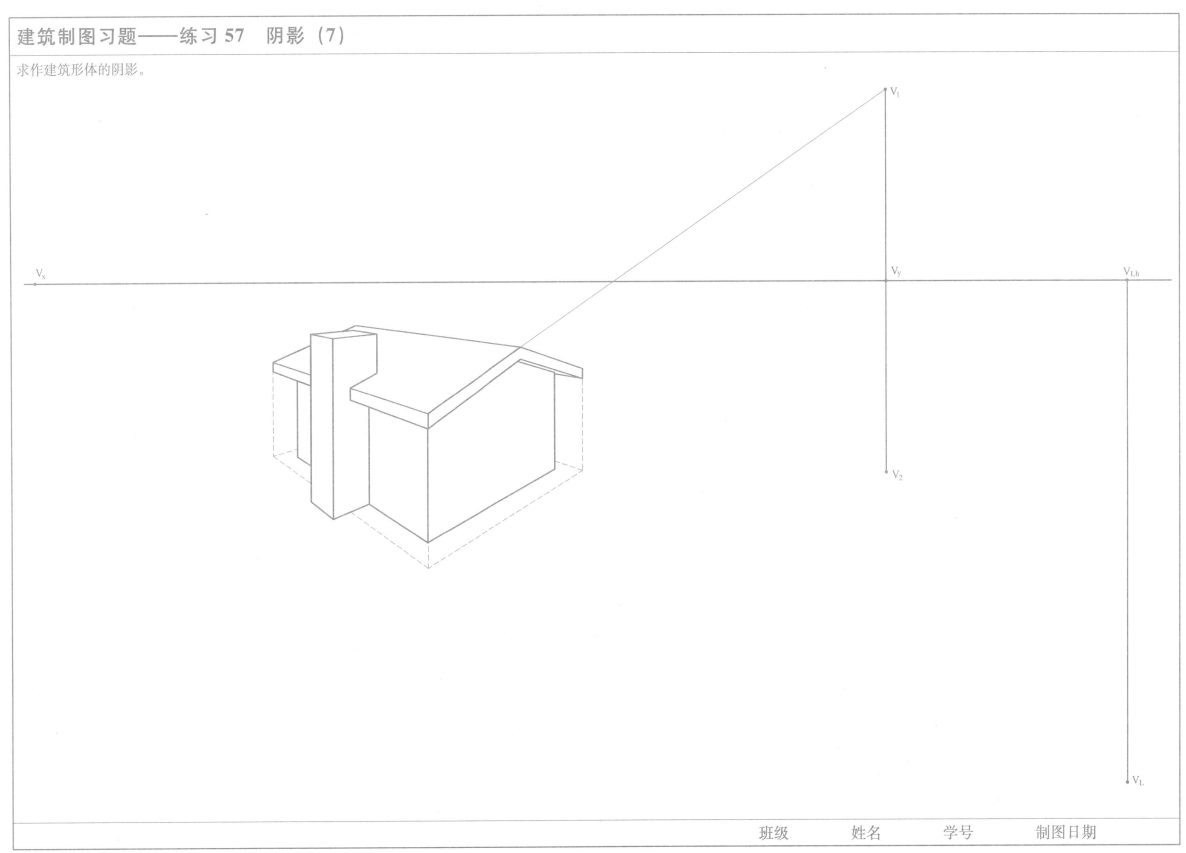

班级　　　　姓名　　　　学号　　　　制图日期

求作建筑形体的阴影。

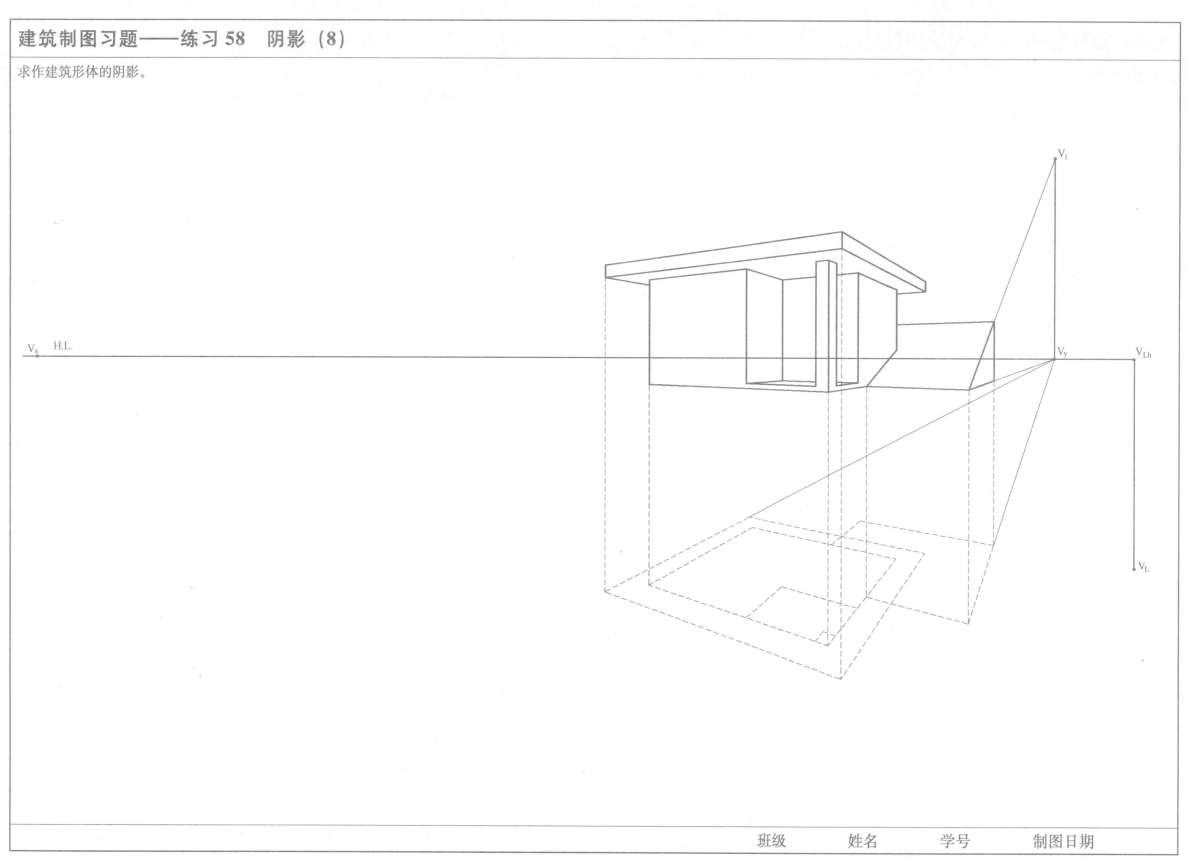

班级	姓名	学号	制图日期

求作立面图的阴影。

| 班级 | 姓名 | 学号 | 制图日期 |

求作立面图的阴影。

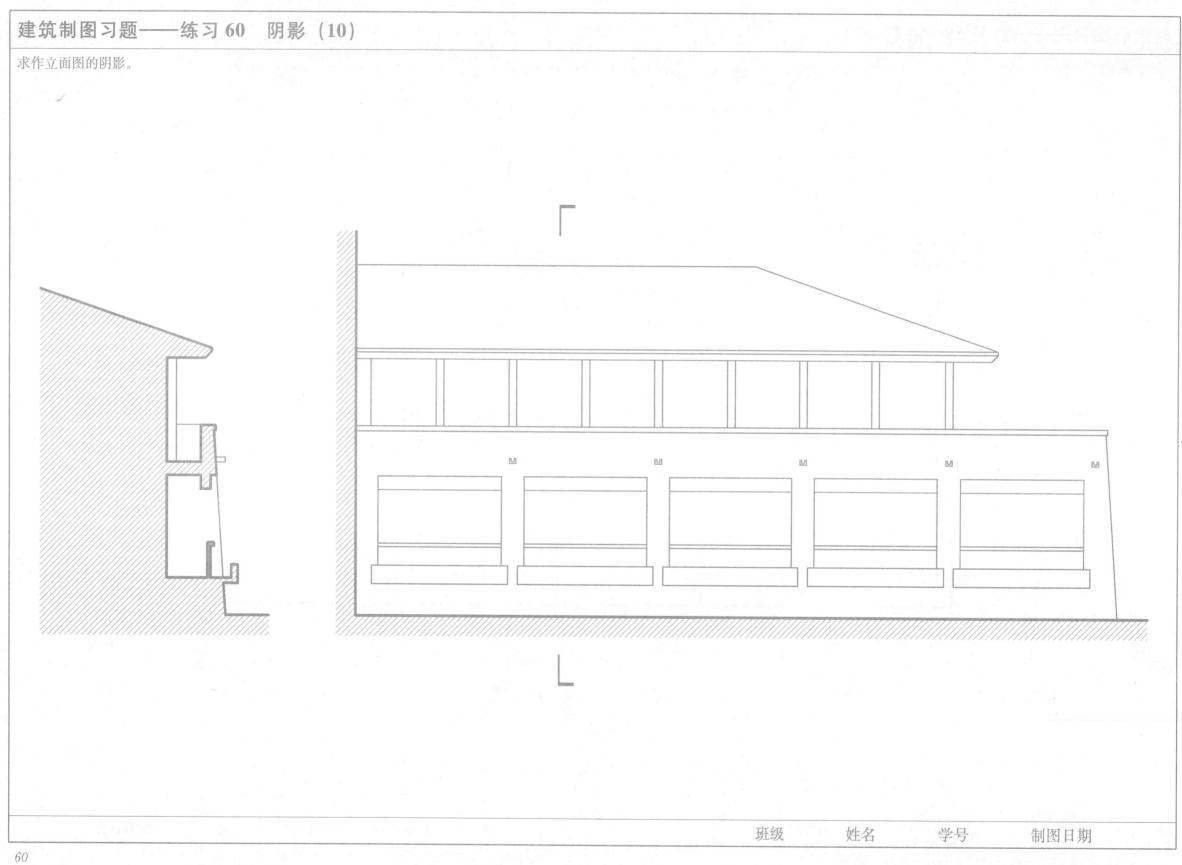